浙产道地
中药材生产技术手册

何伯伟　主编

HE CHAN DAO DI ZHONG YAO CAI

中国农业科学技术出版社

图书在版编目（CIP）数据

浙产道地中药材生产技术手册／何伯伟主编．—
北京：中国农业科学技术出版社，2020.5
ISBN 978-7-5116-4743-6

Ⅰ．①浙…　Ⅱ．①何…　Ⅲ．①药用植物–栽培技
术–浙江–手册　Ⅳ．①S567-62

中国版本图书馆CIP数据核字（2020）第078877号

责任编辑	闫庆健
责任校对	马广洋

出 版 者	中国农业科学技术出版社
	北京市中关村南大街12号　邮编：100081
电　　话	（010）82106625（编辑室）　（010）82109704（发行部）
传　　真	（010）82106625
网　　址	http：//www.castp.cn
经 销 者	各地新华书店
印 刷 者	北京富泰印刷有限责任公司
开　　本	850mm×1168mm　　1/32
印　　张	4.375
字　　数	110千字
版　　次	2020年5月第1版　　2020年5月第1次印刷
定　　价	36.00元

编辑委员会

王岳钧　舒伟军　何伯伟　李明焱

编撰人员

主　编　何伯伟

编　撰　何伯伟　　戴德江　　陈一定　　毛碧增

王汉荣　　郭增喜　　王志安　　梁宗锁

沈晓霞　　邵清松　　陈军华　　朱卫东

浦锦宝　　王如伟　　吴华庆　　宋剑锋

宗侃侃　　郑平汉　　华金渭　　秦光林

陶正明　　潘秋祥　　吴剑锋　　李　潮

徐　靖　　姜娟萍　　徐丹彬　　汪建刚

马常念　　刘跃钧　　赵培欧　　朱静坚

叶晓星　　毛福江　　王　威　　卢红讯

马美兰　　崔东柱　　姚国富　　李汝芳

马芬芬　　舒佳宾　　何家浩　　唐　鹏

陈　磊　　朱志光　　朱德琳　　申屠银洪

前　言

中药资源是国家战略资源。2016年国务院发布了《中医药发展战略规划纲要（2016—2030年）》，中医药发展正式列入国家战略。在此次全力抗击新冠肺炎疫情的过程中，中医药治疗效果显著，彰显了中医药的特色和优势。

浙江是中药材生产大省、道地药材资源强省，道地药材资源总量和种数均列全国第三位，"浙八味"[浙贝母、杭白菊、白术、浙麦冬、杭白芍、延胡索（元胡）、玄参、温郁金]和新"浙八味"[铁皮石斛、衢枳壳、乌药、三叶青、覆盆子、前胡、灵芝、西红花]等浙产道地药材在全国中医药产业中占有重要地位，在国内外享有盛誉。

按照《中华人民共和国中医药法》《全国道地药材生产基地建设规划（2018—2025年）》《浙江省特色农产品优势区建设规划（2018—2022年）》等要求，为推进全省中药材产业高质量发展，创建"浙产好药"品牌，提升道地药材生产科技水平，加强道地药材生产标准化集成技术的推广应用，促进"道地药园"创建和规范化基地建设健康发展，浙江省农业技术推广中心、浙江省中药材产业协会、浙江省中药材产业技术创新和推广服务团队联合组织专家编制了《浙产道地中药材生产技术手册》（以下简称《手册》）。

《手册》编写强化"道地性、安全性、有效性、经济性"要求，汇聚了浙江省中药材产业技术团队项目、浙江省中药材重大技术协同推广计划试点项目、浙江省三农六方科技项目和重点研发计划项目"浙产特色药材质量安全控制技术研究与示范"等创新关键技术成果。《手册》内容分为中药材主推技术、浙产道地药材主要品种生产技术要点、规范化生产技术三个部分，同时附有浙产道地药材检验和检查项目表。

《手册》技术内容简练、关键技术指标明确，具有指导性、实用性和可操作性强的特点，可为广大中药材从业者提供技术参考，也是科技工作者开展"三联三送三落实"活动的一本工具书。

《手册》的编写得到了浙江省农业农村厅领导、浙江省中医药大健康联合体行业专家的指导帮助，在此表示衷心感谢！

编者
2020年5月

振兴浙江中医药行动倡议书

《中共中央国务院关于促进中医药传承创新发展的意见》提出：要健全中医药服务体系，推动中医药事业和产业高质量发展，加强中医药人才队伍建设，促进中医药传承和开放创新发展，改革完善中医药管理体制机制，发挥中医药在疾病治疗和预防中的特殊作用。

中医药的发展需要充分利用中医药作为独特的卫生资源、潜力巨大的经济资源、具有原创优势的科技资源、优秀的文化资源和重要的生态资源的资源优势。

为紧跟大健康产业发展新形势，构筑大平台，发挥新优势，由浙江省药学会、浙江省中医药学会、浙江省中药材产业协会等全省18家涉及中医药领域的学会、协会、研究会、科研院校等社会团体和企事业单位联合发起，成立浙江省中医药大健康联合体。

浙江省中医药大健康联合体以服务健康浙江为目标，以我省中医药全行业的品牌化和中药生产全产业链的标准化为核心，实施"名医好药"战略，大力提升我省中医药产业、文化、教育和服务水平，促进我省中医药事业和产业的高质量发展，实现我省中医药行业的品牌化、标准化、国际化、大健康化。

浙江省中医药大健康联合体提出振兴浙江中医药行动倡议如下。

1. 传承精华守正创新。全面贯彻落实习近平总书记和李克强总理关于中医药和健康中国重要指示，省委省政府提出的浙江要把中医药产业和事业发

展好的要求，扎实推动《中共中央国务院关于促进中医药传承创新发展的意见》落地见效。

2. 推进中药生产全产业链标准化，共创"浙产好药"。以新老"浙八味"等道地药材和浙江优势中药品种为重点，建立安全、有效、可控和可追溯的中药材、中药饮片、中成药生产质量管理规范技术体系，创建一批"道地药园"、打造一批优质中药饮片、培育一批中成药大品种、制订一批浙江制造团体标准、行业标准和国际标准。

3. 推动重管理、保质量、便应用的中医药服务体系新格局的形成。发挥中医药在"治未病"中的主导作用、重大疾病治疗中的协同作用、疾病康复中的核心作用，扩大"浙派中医"在全国影响力。

4. 加强创新突破，促进中医药传承和创新发展。将传统中医药与现代科技结合，人工智能、大数据等技术与中医药融合，加强中药研发，推动中药生产信息化、智能化。

5. 推进我省中医药全面融入大健康领域。加强中医药教育、文化传承和发展，加强中医药大健康产业从业人员的医药职业道德教育，建立一批中医药文化科普基地和研学基地，助力中医药（中药材）健康特色强镇建设，让优质的中医养生保健服务更好满足广大群众的需要。

浙江省中医药大健康联合体

2019 年 12 月 14 日

目录

附 录

第一章　2020年浙江中药材主推技术

本章主要介绍了2020年浙江省在中药材生产上主要推广的浙产道地中药材生态化生产技术和铁皮石斛全程标准化生产技术，并分别从概述、主要技术（包括核心技术和配套技术）及注意事项3个方面进行了讲解。

<table>
<tr><td>一</td><td>浙产道地中药材生态化生产技术</td></tr>
</table>

□ 概　述

　　浙产道地中药材生态化生产技术列入《全国道地药材生产基地建设规划（2018—2025年）》重点任务，旨在解决中药材适宜产区种植不规范、非适宜区盲目扩种、药效下降、质量不稳、效益不高等问题。该技术已在全省"道地药园"和一批优质道地生产示范基地推广应用，推广应用面积约30万亩（1亩≈667平方米，下同），占全省种植面积的40%。

　　推广道地药材良种（健康种苗）可提高产量5%~10%，确保基源可控；推广测土配方施肥和绿色综合防治等技术可节本增效20%~30%，提高药材质量安全，减轻面源污染；推广产地精深加工技术，可提升药材品质，增效15%以上；建立中药材生产全过程质量追溯管理制度，对创建"浙产好药"品牌、实现优质优价作用明显。

□ 主要技术

1. 核心技术

　　选择生态条件良好的道地中药材适宜产区，开展产地环境检测；选用适合当地生态环境的优质、高产、抗病、抗逆性强的审定品种或经鉴定确认的良种，开展良种提纯复壮，在隔离条件良好的适宜区建立繁种基地，推广应用脱毒健康种苗；推广与药材有共生或互生促进的作物轮作（间作套种）等种植模式，推广应用紫云英等固氮植物，针叶林与重楼、黄精等有明显的相生作用，阔叶林与石斛等有明显的互作效应；应用测土配方，开展精准施肥，推广无烟草木灰等技术；推广病虫害绿色综合防控技术措施，集中产地和重点乡镇开展病虫害预测预报，实行统防统治，提高防治效果；做好药材适时采收和分级，提升药材产地清洁化生产和精深加工，实行统一加工；建立中药材全程标准化生产技术规程，严格投入品使用管理制度，建立健全中药材生产全过程质量追溯管理制度，创建"浙产好药"品牌。

2.配套技术

机械化生产和加工技术，在土地整理、喷滴灌、产地加工等环节研制应用适合机械和生产工艺。

□ 注意事项

非浙产道地中药材品种不能盲目引种推广，非适宜产区不能盲目扩种，要以"道地性、安全性、有效性、经济性"为要求，建立全程质量追溯管理制度。

二	铁皮石斛全程标准化生产技术

□ 概　述

铁皮石斛是我国传统名贵珍稀中药材，浙江是全国道地主产区，此集成技术旨在解决产业快速发展过程中盲目跟风、品种混杂不一、品质良莠不齐、品牌竞争不强等制约难点。

该技术在乐清、天台、武义、磐安、建德、龙泉、临安、淳安、庆元等产区得到广泛应用，目前推广应用面积4万余亩，占全省种植面积的90%以上，同时树立了"技术创新—标准转化—做优产业"的典型模式，创全国先例。另外，通过与滇、黔、桂、赣等省份的贫困地区共建铁皮石斛种植基地等形式，建立了铁皮石斛标准化种植基地3万亩以上，推动了当地产业扶贫和农民致富。

全产业链依标生产意识明显增强，对促进优质生产、推动精深加工、加快临床应用、提高产业增效等成效显著；种苗生产企业的制种率从80%提高到95%以上，品种纯正率达100%，种苗成活率达99%以上；应用绿色综合防控措施，确保了产品安全；推广应用新品种，提高品质和产量，实现了道地、优质，每亩产量增10%~20%；改进铁皮石斛的加工方法，显著提高了产品优质率；近3年每年促进8万农民增收 6.5 亿元，同时有效支撑了"立钻""寿仙谷""胡庆余堂""康恩贝"等 10 多个知名品牌的创建，铁皮石斛产业规模占到全国的 70% 强，引领着全国产业的发展。

□ 主要技术

1. 核心技术

涵盖了良种选育→种苗生产→生态栽培→绿色防控→鲜食标准→石斛干品加工→中药饮片深加工等环节。

核心技术体现在 3 个方面：一是"基于花器官发育的精准制种和种苗繁育技术"，根据铁皮石斛花药活力和柱头可授性的测定开展制种，品种纯正率高；组培苗原球茎继代控制在 4~6 代，不定芽继代控制在 3~5 代，防种性退化。二是"生态高效循环生产技术模式"，利用食药用菌生产后的菌渣，经发酵配制成种植铁皮石斛的栽培基质；创造"通风、透气、漏水"适宜铁皮石斛生长良好生态环境；推广绿色防控病虫草害，采用理化诱控、生物防治技术防治好蜗牛（蛞蝓）等，推广覆盖除草技术，不选用多菌灵等抗药性水平高的药剂，不得使用生长激素。三是"铁皮石斛加工技术"，生长 2 年后精准采收和清洁化分级处理，增加"杀青"环节，置于 130~135℃火盆上烘烤 5~10 分钟，使茎条变软，便于成形，加工成铁皮枫斗表面黄绿色或略带金黄色，有细纵皱纹，节明显，质坚实，易折断，断面平坦，品质明显提升。

2. 配套技术

栽培场地进行翻耕暴晒、撒生石灰等处理；松鳞、木屑及碎石片等基质在使用前应堆制发酵或高温灭菌处理。针对雾喷灌、石斛加工等环节，研制应用适合的机械和生产工艺。

□ 注意事项

不应在非适宜区种植。石棉瓦等存在安全隐患的材质不得用于垫板、护栏等。要以"道地性、安全性、有效性、经济性"为要求，建立全程质量追溯管理制度。

第二章　浙产道地药材主要品种生产技术

本章主要介绍了"浙八味"、新"浙八味"等41种浙江道地药材的生产技术，并分别从科属及性味功能、产业基本情况、产地要求、技术要点和性状要求等方面进行了讲解。

一 "浙八味"中药材

☐ 浙贝母

●科属及性味功能

浙贝母为百合科贝母属一年生草本植物。性苦、寒。归肺、心经。具有清热、化痰、止咳，解毒、散结、消痈等功效。

●产业基本情况

浙贝母主产于浙江磐安、东阳、海曙、缙云、定海等地。目前全省种植面积 6 万亩左右，每亩单产 200 千克左右（干品），总产量 1.0 万吨，种植面积和产量占全国总量的 90% 左右。"樟村浙贝"获国家地理标志保护产品、国家地理标志证明商标，"磐安浙贝母"获国家地理标志证明商标。

●产地要求

喜质地疏松肥沃，排水良好，微酸性或近中性的沙质轻壤土种植，土壤 pH 值在 5.5~6.8。浙贝母不宜连作，前作以禾本科和豆科作物为好，轮作间隔时间宜 2 年以上。

●技术要点

（1）种植。选用"浙贝 1 号""浙贝 2 号""浙贝 3 号"等良种，以 9 月中旬至 10 月中旬为宜，种鳞茎芽头朝上。每亩用种量 250~450 千克。播种后，畦面覆盖稻草等。

（2）管理。出苗前及出苗期雨后及时排除积水。提倡使用草木灰，除了基肥和种肥，不宜大量施用鸡粪有机肥，后期视生长情况施肥或叶面追肥，不得使用植物激素膨大剂。中耕宜浅。2 月下旬，防治浙贝母灰霉病。在植株有 2~3 朵花开放时，选露水干后将花连同顶端花梢一并摘除。

（3）采收。5 月上中旬，在浙贝母地上部枯萎后，选晴天进行。种鳞茎分田间越夏和室内越夏两种，提倡异地繁种。

（4）初加工。采收后洗净，大小分开，分别除去外皮，拌以煅过的贝壳粉，吸去擦出的浆汁，干燥；或取鳞茎，大小分开，洗净，除去芯芽，趁鲜切成厚片，洗净，晒干或烘干，习称"浙贝片"。提倡产地统一加工，控制好加工时间和温度，浙贝片烘干温度不超 55℃。

●性状要求

浙贝片为鳞茎外层的单瓣鳞叶切成的片。椭圆形或类圆形，直径 1~2 厘米，边缘表面淡黄色，切面平坦，粉白色。质脆，易折断，断面粉白色，富粉性。

大贝为鳞茎外层的单瓣鳞叶，略呈新月形，高 1~2 厘米，直径 2~3.5 厘米。外表面类白色至淡黄色，内表面白色或淡棕色，被有白色粉末。质硬而脆，易折断，断面白色至黄白色，富粉性。气微，味微苦。

珠贝为完整的鳞茎，呈扁圆形，高 1~1.5 厘米，直径 1~2.5 厘米。表面类白色，外层鳞叶 2 瓣，肥厚，略似肾形，互相抱合，内有小鳞叶 2~3 枚和干缩的残茎。

□ 杭白菊

● 科属及性味功能

杭白菊为菊科菊属一年生草本植物。性寒、味甘而微苦，归肺、肝二经。具有疏风、清热、明目、解毒的功效。

● 产业基本情况

杭白菊产地主要分布于浙江桐乡、兰溪等地。目前全省种植面积5.6万亩，每亩单产200千克左右（干品），总产量1.1万吨，产量约占全国总量的50%，"杭白菊"获国家农产品地理标志保护产品，"桐乡杭白菊"获国家地理标志证明商标。

● 产地要求

杭白菊系旱地作物，既怕涝又怕旱，对土壤要求不严，以肥沃的沙质壤土为好，忌连作，有条件的地方可实行水旱轮作。

● 技术要点

（1）种植。选择小洋菊、早小洋菊等优质抗病品种，并在前一生育期间提纯去杂，积极推广应用脱毒健康种苗。一般在4月上中旬，择雨后土壤潮润时定植，每亩苗数在3 500~5 000株。可选择单栽压条栽培或套作压条栽培。

（2）管理。分1~2次进行菊花压条，第一次在移栽后一个月左右，当苗高30~50厘米时可进行，待新侧枝长到20厘米左右，进行第二次压条。6—8月在压条后新梢长到10~15厘米时，分1~2次摘心（打顶），每亩分枝数达12万株。要及时做好清沟排水，排除地面积水，防止沤根死苗；

夏秋遇高温干旱,及时灌水(浇水)抗旱,花蕾期(现蕾及花蕾膨大期)需保持足够的水分,满足其生理需求。肥料使用以有机肥和复合肥为主,禁止使用硝态氮肥。重点防治好叶枯病、蚜虫、斜纹夜蛾、甜菜夜蛾等,以生物防治、物理防治为主。

(3)采收与加工。10月下旬至11月下旬,选择晴天露水干后采收。胎菊以花蕾充分膨大、花瓣刚冲破包衣但未伸展为标准,一般饮用菊以花心散开30%~50%为标准;药用菊以花心散开50%~70%为标准,做到分批、分级采收。采收时使用的竹编、筐篓等用具保持清洁,采收后及时将鲜花运抵清洁卫生的干制加工场所,来不及加工的须在室内摊开阴干水分,防止堆压发热变质,地上铺设竹帘或防虫网。加工方法有传统干制和蒸汽杀青热气流干燥加工,加工过程中不得添加任何添加剂,禁止用硫磺熏蒸,保持产品道地纯正特性。烘干的菊花包装后放入冷库贮藏,防止受潮霉变。

●性状要求

杭白菊呈碟形或扁球形,直径2.5~4厘米,常数个相连成片。舌状花类白色或黄色,平展或微折叠,彼此粘连,通常无腺点;管状花多数,外露。体轻,质柔润,干时松脆。气清香,味甘而微苦。

□ 白 术

●科属及性味功能

白术为菊科苍术属多年生草本植物。性苦、甘、温。归脾、胃经。具有健脾益气、燥湿利水、止汗、安胎的功效。

●产业基本情况

浙江省是白术道地主产区，主要分布于磐安、新昌、天台、仙居、临安等地。目前全省种植面积2.1万亩，每亩单产300千克左右（干品），总产量0.4万吨，质量居全国之首。"磐安白术""临安於术""新昌白术"获国家地理标志证明商标。

●产地要求

宜选在海拔300米以上，避风、气候凉爽、土层深厚、排水良好、疏松肥沃的沙质壤土为好，忌连作。前作不宜为白菜、玄参等作物，种过白术的土地要间隔3年以上。

●技术要点

（1）播种。选5年以上没种过作物的山地做好苗床，开好排水沟。选用"浙术1号"良种，宜在2月下旬至3月中旬，种子条播，覆一层细肥土，畦面盖稻草或杂草。幼苗2~3片真叶时，结合中耕除草进行第一次追肥，11月上中旬当术苗茎叶枯黄时，选晴天挖出术栽，除去茎叶和过长的须根。

（2）栽种。以11月下旬至12月下旬为宜，施好基肥和种肥，推广应用草木灰，条栽或穴栽，术栽芽头向上，齐头，栽后覆土3厘米为宜。每亩种植8 000个术栽。

（3）管理。白术封行前进行2~3次中耕除草。白术封行后拔除田间杂草1~2次。雨季及时清沟排水，做到雨停田间无积水。摘花蕾，6—7月，捏住茎秆，摘下或剪下花蕾。分批摘净花蕾，人工摘时，不伤茎叶，不动摇根部。白术采摘花蕾结束后，每亩浇施或撒施复合肥20~25千克。防治好根腐病和白绢病等，拔除病株，在病株周围撒施生石灰。

（4）收获与初加工。立冬前后，当白术茎秆变黄褐色、叶片枯黄时选晴天及时采收。用锄头挖出地下根茎，抖去泥土，除去茎秆，将鲜白术根茎放晒场上晒15~20天，经常翻动，在翻晒时逐步搓、擦去须根，直至干燥，即成生晒术。

烘干，将鲜白术根茎放入柴囱灶囱斗中囱。用没有芳香等气味的杂木作燃料。最初火力稍大，温度80~100℃，1小时后，蒸汽上升，根茎表皮已热，可将温度降至60℃，2小时后，将根茎上下翻动使细根脱落，继续囱5~6小时，将根茎全部翻出，不断耙动，使细根全部脱落。再将大小根茎分开，大的放底层，小的放上层，继续囱8~20小时，中间翻动一次，到七八成干时全部翻出。将大小根茎分别在室内堆置6~7天，使内部水分外渗，表皮转软，再用文火（60℃）分别囱24~36小时，直至干燥，即成烘术商品。

● **性状要求**

白术成品为不规则的肥厚团块，长3~13厘米，直径1.5~7厘米。表面灰黄色或灰棕色，有瘤状突起及断续的纵皱和沟纹，并有须根痕，顶端有残留茎基和芽痕。质坚硬不易折断，断面不平坦，黄白色至淡棕色，有棕黄色的点状油室散在；烘干者断面角质样，色较深或有裂隙。气清香，味甘而微辛，嚼之略带黏性。

□ 杭白芍

●科属及性味功能

杭白芍为毛茛科芍药属多年生草本植物。味苦、酸，微寒。归肝、脾经。具养血调经、敛阴止汗、柔肝止痛、平抑肝阳的功效。

●产业基本情况

杭白芍主产于浙江磐安、东阳、柯城等地，质量居全国之首。目前全省种植面积4 000亩，每亩单产500千克左右（干品），总产量1 500吨。"磐安杭白芍"获国家地理标志证明商标。

●产地要求

以温湿、肥沃的沙质壤土为好，忌连作，盐碱地不宜种植。选择阳光充足，土层深厚，保肥保水能力好，疏松肥沃，排水良好，远离松柏的地块种植，种过杭白芍的地块宜间隔1年以上再种。

●技术要点

（1）种植。选择"浙芍1号"等优质高产、抗病良种。在收获或亮根修剪时，将带芽新根剪下，每株留壮芽1~2个及根1~2条即成芍栽；也可用芍头繁殖芍栽，不亮根修剪，2年后起挖，将带芽新根剪成株。选择通风、阴凉、干燥、泥土地面的仓库或室内贮存种栽。栽种适期11月。穴栽，每穴2根，分叉斜种，根呈"八"字形，芽头靠紧朝上，种后初覆细土压紧固定，然后在根尾部上方穴边施入基肥，覆细土成垄状。每亩种植2 500~3 000个种栽。

（2）管理。幼苗出土时，即应中耕除草，中耕宜浅，勿伤及苗芽。雨季及时清沟排水，做到雨停田间无积水；干旱严重时，适当浇水抗旱。施肥以农家肥料为主，实行配方施肥，推广应用草木灰，不应施用硝态氮肥。现蕾盛期，选晴天露水干后将其花蕾全部摘除。对一年生、二年生的杭白芍，枯苗后，进行亮根修剪，把带病、带虫、空心的粗根剪去，选取粗大、不空心、无病虫的2~3个主根，留做商品芍根。在留好主根上芽头的同时，将带芽新根剪下作种栽，然后施肥、覆土重新起垄。做好根腐病、灰霉病、蛴螬、小地老虎等防治工作。

（3）采收与初加工。栽后3年，8—10月采收，选晴天挖出地下根，抖去泥土，切下芍根，并分级。修剪后的芍根分大、中、小三级分别置滚动式擦皮机内，加沙、水滚动擦皮，擦到洗后芍根表面洁白即可。捞出倒入烧至75~80℃的锅水中，煮时不断下翻，并保持锅水微沸，煮至芍根切面色泽一致时立即捞出晒干。杭白芍断面较平坦，类白色或微带棕红色，形成层环明显，射线放射状。

●**性状要求**

杭白芍成品呈圆柱形，平直或稍弯曲，两端平截，长5~18厘米，直径1~2.5厘米。表面类白色或淡棕红色，光洁或有纵皱纹及细根痕，偶有残存的棕褐色外皮。质坚实，不易折断，断面较平坦，类白色或微带棕红色，形成层环明显，射线放射状。气微，味微苦、酸。

□ 元 胡

●科属及性味功能

元胡（延胡索）为罂粟科紫堇属一年生草本植物。味辛、苦、性温。归肝、脾经。具有活血、行气、止痛等功效。

●产业基本情况

浙江省是元胡道地主产区，主产于磐安、东阳、仙居等地。目前全省种植面积5.6万亩，每亩单产125千克左右，总产量0.7万吨，占全国总产量的1/3。"磐安元胡"获国家地理标志证明商标。

●产地要求

选土层较深、排水通畅、疏松肥沃、中性至微酸性的沙壤土。

●技术要点

（1）种植。选用"浙胡1号""浙胡2号"等良种，以10月上旬至11月上旬为宜，选晴天播种，每亩用种块茎40~45千克。在畦上按行株距10厘米×（11~13）厘米的密度排放种块茎，芽眼朝上。临播前，除去病烂的种块茎。

（2）管理。在施足基肥的情况下，一般是追肥3~4次，注意控制用量，推广应用草木灰。在苗期注意排水降湿，做到沟内不留水。12月中旬，施腊肥前用铲浅中耕一次，选晴天露水干后进行，操作时应小心谨慎，避免伤及种芽。春季旺长期，用手拔除田间杂草2~3次，选晴天露水干后进行。在2月下旬选择晴天进行一次防治元胡霜霉病、菌核病、根腐病等病害。

（3）收获与初加工。5月上中旬，当地上茎叶枯萎后选晴天及时收获，应及时加工，除去须根，洗净，置沸水中煮至恰无白心时，取出，晒干，一次性烘干后用密封袋包装储存，防止产生黄曲霉素。切厚片或用时捣碎。

●**性状要求**

元胡成品呈不规则的扁球形，直径 0.5~1.5 厘米。表面黄色或黄褐色，有不规则网状皱纹。顶端有略凹陷的茎痕，底部常有疙瘩状突起。质硬而脆，断面黄色，角质样，有蜡样光泽。气微，味苦。

□ 玄 参

● 科属及性味功能

玄参为玄参科玄参属一年生草本植物。味甘、苦、咸，微寒。归脾、胃、肾经。具清热凉血、滋阴降火、解毒散结功效。

● 产业基本情况

浙江省是玄参道地主产区，主产于磐安。目前全省种植面积 8 600 亩，每亩单产 350 千克左右（干品），总产量约 3 000 吨。"磐安玄参"获国家地理标志证明商标。

● 产地要求

以温湿、肥沃的沙质壤土为好，忌重茬，采取轮作措施，宜与禾本科等作物轮作 2~3 年；选择疏松、土层深厚、排水良好的沙质壤土，不宜选择黏土或保水保肥能力差的沙土，不宜选与白术及豆科、茄科等易发白绢病的作物轮作的田块。

● 技术要点

（1）种植。选择抗逆性强、丰产性好的"浙玄 1 号"良种。秋末冬初玄参收获时，选择无病害、粗壮、侧芽少、长 2~4 厘米的白色子芽，剔除芽头呈红紫色、青色的子芽及芽鳞开裂（开花芽）、细小和带病的子芽。栽种以 12 月中旬至翌年 1 月下旬为宜。每穴放种栽 1 个，覆土时使种栽芽头向上，齐头不开尾，土层高出芽头 3 厘米为宜。每亩种植 3 000~4 000 株种苗。

（2）管理。当玄参抽薹开花时，应选晴天，及时将花薹剪除，并集中销毁。宜使用腐熟农家有机肥和商品有机肥，推广应用草木灰，限量使用化肥，实行配方施肥，结合施肥中耕除草。四周开好排水沟，防渍害；做好白绢病、叶枯病、黑点球象、金龟子、小地老虎等防治工作。

（3）采收与初加工。秋末冬初，当玄参地上茎叶枯萎时，割去茎秆，选晴天采挖，切下块根，将块根运回室内加工。先将块根白天摊晒，经常翻动，夜晚收拢堆积，使其"发汗"，反复堆积摊晒至五六成干时，再集中堆积 5~7 天，等块根内部全部变黑，再进行翻晒，直至全干。遇阴雨天气，可用火烘干，保持温度 40~50℃。在烘烤时应适时翻动。烘至五六成干时，取出堆积"发汗"，上面可用草或薄膜盖严，至块根内部变黑后再用文火烘至全干。品质坚实，不易折断，断面黑色，微有光泽。气特异，似焦糖。

● **性状要求**

玄参成品呈类圆柱形，中间略粗或上粗下细，有的微弯曲，长 6~20 厘米，直径 1~3 厘米。表面灰黄色或灰褐色，有不规则的纵沟、横长皮孔样突起和稀疏的横裂纹和须根痕。质坚实，不易折断，断面黑色，微有光泽。气特异，似焦糖，味甘而微苦。

□ 浙麦冬

●科属及性味功能

浙麦冬为百合科沿阶草属多年生常绿草本植物，传统浙麦冬为三年生。味甘、微苦，微寒。归心、肺、胃经。具有养阴生津、润肺清心等功效。

●产业基本情况

浙麦冬主产于浙江慈溪、三门等地，质量居全国之首。目前全省种植面积6 000亩，每亩单产120千克左右（干品），总产量约720吨。用于中成药参麦注射液、生脉胶囊等。"慈溪麦冬"获国家农产品地理标志登记保护产品。

●产地要求

以温湿、深厚、肥沃的沙质壤土为好，忌重茬。选择土层较深、排水良好、地下水位低、疏松肥沃、有夜潮性、呈偏微碱、含盐量0.2%以下的壤土或沙质壤土。

●技术要点

（1）种植。选用植株长势旺，分蘖能力强，发病轻，抗性良好、加工商品率高的"浙麦冬1号"良种。浙麦冬采用分株繁殖，于立夏至芒种之间采收麦冬时，选择二年生至三年生生长健壮、叶色黄绿、青秀的植株，从基部剪下叶基和老根茎基，只留下长2~3厘米的茎基，以根茎断面出现白色放射菊花心，叶片不散开为度，同时将叶片长度剪至5~10厘米，再"十"字或"米"字形切开分成4~6种植小丛，每小丛留苗10~15个单株，即可栽种。移栽时间宜在4月上中旬至 6 月初，种植密度为行距 35~40 厘米，丛距 25~40 厘米。将苗垂直放入穴内 3~5 厘米深，然后两边用土踩紧，苗应稳固直立土中，达到地平苗正，每穴栽 10~15 株，栽后浇水 1 次，浇水应浇透，保成活。每亩用 300~400 千克种苗。

（2）管理。麦冬移栽当年与玉米、西瓜、丝瓜等作物间作。移栽后半个月左右，除草 1 次，并松土深约 3 厘米。5—10 月杂草生长旺盛，选晴天除草并浅松表土。遇干旱天气，及时浇水抗旱，遇多雨季节，及时清沟排除积水。施肥掌握"头年轻，翌年重"原则，以有机肥和复合肥为主，推广应用草木灰。做好炭疽病、根结线虫病、蛴螬、蝼蛄等防治工作。

（3）采收与初加工。移栽后第三年，以立夏至芒种之间采收为宜。选晴天，将麦冬丛连根掘起，敲抖去净泥土，用刀斩切下带须块根，清洗干净。将洗净的块根摊薄在塑料网片或水泥晒场上，在烈日下暴晒，上、下午各翻动一次。连晒 3~5 天，随后在室内堆闷 2~3 天至须根变软时进行第二次晒，晒 3~4 天，至须根发硬再按上法堆闷待须根再次发软时，进行第三次晒，以须根发脆为度，再按上法堆闷至须根再次发软，将两端的须根剪下，后再复晒 1 次至干燥，除去杂质，即成商品。药材性状呈纺锤形半透明体，表面黄白色或淡黄色，质柔韧，断面黄白色，半透明，中柱细小，气微香。

●性状要求

浙麦冬成品呈纺锤形，两端略尖，长 1.5~3 厘米，直径 0.3~0.6 厘米。表面黄白色或淡黄色，有细纵纹。质柔韧，断面黄白色，半透明，中柱细小。气微香，味甘而微苦。

□ 温郁金

● 科属及性味功能

温郁金为姜科姜黄属多年生草本植物。其块根、根茎根据不同方法可加工成 3 种不同药材：块根煮熟晒干称温郁金；主根茎煮熟晒干称温莪术；侧根茎鲜纵切厚片晒干称片姜黄。温郁金，味辛、苦，性寒。归肝、心、肺经，具有活血止痛、行气解郁、清心凉血、利胆退黄等功效。温莪术，味辛、苦，性温。归肝、脾经，具有行气破血、消积止痛的功效。片姜黄，味辛、苦，性温，归脾、肝经，具有破血行气、通经止痛的功效。

● 产业基本情况

温郁金主产于瑞安、永嘉、龙泉等地，质量居全国之首。目前全省种植面积 1.5 万亩，每亩单产 400 千克左右（干品），总产量 6 000 吨。"温郁金"获国家地理标志保护产品。

● 产地要求

喜温、耐旱、忌渍水。宜选择阳光充足、土壤肥沃、土层深厚、土质疏松、排水良好的沿江平原、河坝滩地及丘陵缓坡地带的沙壤土，pH 值呈中性或微酸性。

● 技术要点

（1）种植。应选择抗病性强、丰产性好的"温郁金 1 号""温郁金 2 号"等良种，推广应用健康种苗，以无病虫害、生长健壮、芽饱满、形短粗的二头、三头作种茎。栽种适期为 4 月上旬，每穴倾斜放种茎 1 个，芽朝上，覆土 3~6 厘米。下种不应过深，穴底要平。每亩用种量为 120~130 千克。

（2）管理。在苗齐后全面松土 1 次，以后每隔半个月中耕培土 1 次，中耕宜浅，植株封行后停止。在 7—9 月生长旺盛期，植株需水分多，应及时灌溉，10 月以后不宜再灌水。施肥以农家肥为主，控制硝态氮肥，实行磷钾肥配施，推广应用草木灰。做好细菌性枯萎病、蛴螬、蝼蛄等防治工作。

（3）采收与初加工。12 月中、下旬（冬至前后），地上植株枯萎后，选晴天先清理地上的茎叶，将根茎及块根全部挖起，分开放置，剔除上年做种的老根茎，去掉须根，除去杂质，洗净泥土，分别加工。温郁金将块根放置锅内，加适量清水或已煮过的原汁，煮约 2 小时；拣较大的一颗折断，用指甲掐其内心无响声或呈粉质即可，捞出沥干，摊放竹帘上晒干，不宜烘烤。温莪术将根茎煮沸后再煮 2 小时至熟透（竹筷轻戳能横穿根茎即可），取出摊放竹帘上晒干。片姜黄将鲜侧生根茎纵切厚约 0.7 厘米的薄片、晒干，筛去末屑即成。

● 性状要求

温郁金呈长圆形或卵圆形，稍扁，有的微弯曲，两端渐尖，长 3.5~7 厘米，直径 1.2~2.5 厘米。表面灰褐色或灰棕色，具不规则的纵皱纹，纵纹隆起处色较浅。质坚实，断面灰棕色，角质样；内皮层环明显。气微香，味微苦。

温莪术呈卵圆形、长卵形、圆锥形或长纺锤形，顶端多钝尖，基部钝圆，长 2~8 厘米，直径 1.5~4 厘米。表面灰黄色至灰棕色，上部环节突起，有圆形微凹的须根痕或残留的须根，有的两侧各有 1 列下陷的芽痕和类圆形的侧生根茎痕，有的可见刀削痕。体重，质坚实，断面黄棕色至棕褐色，常附有淡黄色至黄棕色粉末。气香或微香，味微苦而辛。

<table>
<tr><td>二</td><td>新"浙八味"中药材</td></tr>
</table>

□ 铁皮石斛

● 科属及性味功能

铁皮石斛为兰科石斛属的多年生草本植物。味甘，微寒。归胃、肾经。有益胃生津、滋阴清热的功效。用于热病津伤、口干烦渴、胃阴不足、食少干呕、病后虚热不退、阴虚火旺、骨蒸劳热、目暗不明、筋骨痿软。

● 产业基本情况

浙江省是铁皮石斛传统道地主产区，主产于天台、乐清、武义、磐安、义乌、婺城、莲都、龙泉、庆元、临安、建德、桐庐、淳安等地，目前全省种植面积 4.5 万亩，单产 250～300 千克（鲜品），总产量近 1 万吨。"天目山铁皮石斛"获国家地理标志保护产品，"武义铁皮石斛""雁荡山铁皮石斛"获国家农产品地理标志登记保护产品。

● 产地要求

宜选择水源清洁，通风、向阳、排水良好的地块。栽培场地进行翻耕暴晒、撒生石灰等处理，松鳞等基质在使用前应堆制发酵或高温灭菌处理。石棉瓦等不得用于垫板、护栏。

●技术要点

（1）种植。选用适合当地栽培环境的良种。组培苗原球茎继代控制在 4~5 代，不定芽继代控制在 3~4 代；种苗根晾至发白，提高成活率。以 3—6 月栽种为宜，3~4 株为一丛，按（10~20）厘米×（10~15）厘米行株距栽种，做到浅种，轻覆基质，每亩 8 万~10 万株。附生栽培宜选择梨树等阔叶树种。

（2）管理。基肥和追肥宜用蚕沙、羊粪等优质有机肥。生长期的铁皮石斛遮光率以 60%~70% 为宜。如遇高温干旱，可在早、晚雾喷降温，多雨季节应及时清沟排水、降低湿度，进入冬季前要进行抗冻锻炼并适时通风、降低湿度，保持基质含水量在 45%~50%，并做好越冬保温管理。推广绿色防控病虫草害，推广覆盖除草技术，不得使用增高、增粗的激素类生长调节剂。建立生产全程质量追溯管理制度。

（3）采收与加工。鲜品采收时间以当年 11 月至翌年 5 月为宜，加工铁皮石斛（干条）的原料宜在 1—5 月采收。铁皮石斛加工置于 130~135℃火盆上烘烤 5~10 分钟，使茎条变软，便于成形，加工成铁皮枫斗表面黄绿色或略带金黄色，有细纵皱纹，节明显，质坚实，易折断，断面平坦。

●性状要求

铁皮枫斗呈螺旋形或弹簧状。通常为 2~6 个旋纹，茎拉直后长 3.5~8.0 厘米，直径 0.2~0.4 厘米。表面黄绿色或略带金黄色，有细纵皱纹，节明显，节上有时可见残留的灰白色叶鞘；一端可见茎基部留下的短须根。质坚实，易折断，断面平坦，灰白色至灰绿色，略角质状。气微，味淡，嚼之有黏性。

铁皮石斛本品呈圆柱形的段，长短不等。鲜品也可使用。

□ 灵 芝

● 科属及性味功能

灵芝为多孔菌科灵芝属的一年生大型真菌。味甘，性平。归心、肺、肝、肾经。具有补气安神、止咳平喘的功效。破壁孢子粉具补气安神、健脾益肺等功效。

● 产业基本情况

浙江省是灵芝传统道地产区，以赤芝段木栽培为主。主产于龙泉、庆云、武义、磐安、常山、安吉等地，龙泉是"中国灵芝核心产区"，全省种植面积3 000亩，每亩灵芝子实体产量500~600千克，灵芝孢子粉产量300~400千克。"龙泉灵芝""龙泉灵芝孢子粉"等获国家地理标志保护产品。

● 产地要求

宜选择通风良好、水源清洁、排灌方便的栽培场所，培养室应洁净、通风、控温、遮光。忌连作。培养室和出芝场地使用前应认真清理，严格消毒和杀虫。严格按菌种生产标准扩繁和生产，生产全过程推行"二维码"追溯管理。

● 技术要点

（1）接种。根据用途选用多孢型或少孢型菌种，并适合当地气候条件的高产、优质、抗逆性强的良种。菌段以壳斗科的青杠树、栓皮栎等树种为宜，直径须达6厘米以上，保护好树皮，含水量在38%~45%时截成15~30厘米长的段木；装袋扎紧，高压蒸汽灭菌121℃，灭菌2~3小时；常压灭菌100℃，灭菌18~24小时，以11月中旬至翌年1月下旬制段接种；段木发菌时间70~90天，培养室温度20~25℃。

（2）管理。搭棚、整畦，畦面撒石灰粉消毒。4—5月待土温达到15℃以上，选择晴天下地排放，每亩排放菌段约20立方米。覆土厚度3~5厘米，浇透水；出芝场地温度保持在25~30℃，空气相对湿度保持80%~90%；控制空气中CO_2浓度低于0.1%。安装防虫网，吊挂粘虫板、杀虫灯。

（3）采收与加工。子实体8—9月采收，当芝盖边缘的白色生长圈消失转为红褐色，菌盖表面色泽一致、不再增大时，用果树剪在灵芝留柄1.5~2厘米处剪下菌盖，即采即烘，可使用烘房或专用烘干机，控制温度45~65℃，控制含水量15%以下。在菌盖下有少量孢子弹射时，采用单个套筒或整畦盖布等方式收集，放置在干净容器里，在采收当天将孢子摊晒在洁净薄膜上晒干，或用热风循环烘干机、专用烘干机等烘干，烘干温度控制在40~60℃，控制含水量15%以下。

● 性状要求

赤芝外形呈伞状，菌盖肾形、半圆形或近圆形，直径10~18厘米，厚1~2厘米。皮壳坚硬，黄褐色至红褐色，有光泽，具环状棱纹和辐射状皱纹，边缘薄而平截，常稍内卷。菌肉白色至淡棕色。菌柄圆柱形，侧生，少偏生，长7~15厘米，直径1~3.5厘米，红褐色至紫褐色，光亮。孢子细小，黄褐色。气微香，味苦涩。

紫芝皮壳紫黑色，有漆样光泽。菌肉锈褐色。菌柄长17~23厘米。

栽培品子实体较粗壮、肥厚，直径12~22厘米，厚1.5~4厘米。皮壳外常被有大量粉尘样的黄褐色孢子。

□ 三叶青

●科属及性味功能

三叶青为葡萄科崖爬藤属多年生草质藤本植物。味微苦，性平。归肝、肺经。味甘、性凉，具清热解毒、消肿止痛、化痰散结等功效，用于治疗小儿高热惊风、百日咳、疮痈痰核、毒蛇咬伤等多种疾病。被誉为"天然抗生素"。

●产业基本情况

浙江省是三叶青传统道地产区，主产于遂昌、莲都、龙泉、武义、磐安、淳安、余杭、衢江、温岭、黄岩等山区，目前全省种植面积1万余亩，三年生每亩产量200~500千克，总产约600吨。"遂昌三叶青"获国家农产品地理标志登记保护产品。

●产地要求

喜凉爽气候，耐旱，忌积水，以含腐殖质丰富或石灰质的土壤为好。宜选择生态条件良好，海拔在200~800米、年均温度在 −5~35℃、排水通风良好、坡度不大于15°的地块，且近几年未使用过除草剂；禁止选择低洼、排水不良、雨季易积水的平原水田。

●技术要点

（1）种植。选用浙江产基源的三叶青良种，扦插育苗，选择健壮枝条，修剪有2~3节的留叶茎段，于2月上旬至6月下旬或9月上旬至11月下旬扦插于穴盘，育苗棚架的覆盖遮光率50%~60%。4周左右，根系3条以上，叶片3

张以上即可出圃。4月上旬至6月下旬或9月下旬至10月下旬栽种，有直接栽培和容器栽培等，每亩地种植密度在4000~6000株，株距25~30厘米，行距25~30厘米，容器穴栽3~4株，压紧，浇足定根水。

（2）管理。棚架遮阳网透光率60%，避免强光直射，保持基地通风良好。基肥和追肥以腐熟的农家肥料或有机肥为主，推广无烟草木灰技术；在生长季节及时人工除草，不得使用除草剂。做到田间不积水，收获前田间持水量保持在60%左右；当气温低于10℃，用两层透光率60%遮阳网中夹一层塑料薄膜架空覆盖。做好蛴螬（金龟子幼虫）、小地老虎、根结线虫病等防治工作。

（3）采收与初加工。栽后3年，植株茎的颜色呈褐色、块根表皮呈棕褐色、个体饱满不皱皮、肉质呈银白色时，可在10月下旬至翌年4月上旬晴天采收块根。除去杂质、洗净、干燥。

●**性状要求**

三叶青干品呈类圆球形或不规则块状，长1.5~5厘米，直径0.5~3厘米。表面棕褐色，较光滑或有皱纹。质坚，断面平坦，粉性，浅棕红色或类白色。气微，味微甜。鲜品呈纺锤形、葫芦形或椭圆形，长1~7.5厘米，直径0.5~4厘米。表面灰褐色至黑褐色，较光滑。切面白色，皮部较窄，形成层环明显。质脆。

□ 覆盆子

● 科属及性味功能

覆盆子为蔷薇科悬钩子属的华东覆盆子，叶片掌状 5 深裂，多年生落叶木本植物。味甘、酸，性温。归肝、肾、膀胱经。具益肾固精缩尿、养肝明目等功效。常用于遗精滑精、遗尿尿频、阳痿早泄、目暗昏花。

● 产业基本情况

浙江省是华东覆盆子传统道地产区，主产于淳安、临安、建德、桐庐、莲都、江山等山区，目前全省种植面积 12 万多亩，单产 40~50 千克，总产量约 5 000 吨，产业规模占全国50% 强。"淳安覆盆子"获国家农产品地理标志登记保护产品。

● 产地要求

喜光、喜温暖湿润气候，适应性强，宜选土质疏松肥沃、湿润不积水、土层深厚，以弱酸性至中性的沙壤土或红壤土为宜，pH 值宜为 5.5~7.0，有机质含量 1.5% 以上，未使用过除草剂的地块。

● 技术要点

（1）种植。选用适合浙江省生态条件的抗病、高产的良种，可采用基地根蘖繁殖、扦插繁殖、压条繁殖等，苗高20~30 厘米、鲜活根数 6 条、芽 6~8 个的苗木可定植。整地深耕 30~35 厘米，彻底清除树根、杂草等杂物，平整地面，起垄栽培。春季栽植，浙南山区 2—3 月，浙北山区或高海拔地区 3—4 月，秋冬季也可栽植。行距为 2.0~3.0 米，穴距为 1.5~2.0 米，每亩 400~500 株，栽植根系舒展，土壤压实，浇足定根水，地上部分剪留 5~8 厘米。

（2）管理。基肥和追肥以有机肥为主，沟肥推广无烟草木灰，冬季撒播紫云英等绿肥；春季花芽萌发前修剪，剪去其顶部干枯、细弱枝条，每丛保留 7~9 个粗壮枝条，保持树冠形状，促进结果率；初夏果实采收后，剪去全部的当年结果枝，保留当年新萌枝条，修剪后使得每丛保留 12~15 个均匀分布的健壮枝条。中耕除草，并及时注意补水管理。做好根腐病、褐斑病、金龟子(蛴螬)等防治工作。

（3）采收和初加工。从 5 月上旬开始，果实由绿转黄时选晴天进行采摘，阴雨天、有露水不宜采摘；采摘时轻摘、轻拿、轻放；每次采摘时将成熟适度的果实全部采净。除净梗叶，置沸水浸烫或蒸制 5~8 分钟杀青，杀青后的果实，置烈日下晒至完全干燥，筛去灰屑，拣净杂物去梗和红果；或者杀青后的果实，摊开置于烘干设备内，60~70℃烘干，烘 4~8 小时直至干燥。干燥后的果实，置清洁、通风、阴凉、干燥处贮藏，避免高温及强光照射。有条件的采用低温冷藏法，温度 5℃以下。

● 性状要求

覆盆子干品为聚合果，由多数小核果聚合而成，呈圆锥形或扁圆锥形，高 0.6~1.3 厘米，直径 0.5~1.2 厘米。表面黄绿色或淡棕色，顶端钝圆，基部中心凹入。宿萼棕褐色，下有果梗痕。小果易剥落，每个小果呈半月形，背面密被灰白色茸毛，两侧有明显的网纹，腹部有突起的棱线。体轻，质硬。气微，味微酸涩。

□ 衢枳壳

●科属及性味功能

衢枳壳为芸香科柑橘属多年生植物，又称"胡柚片"，由常山胡柚小青果加工而成。性微寒，味苦、辛、酸，具理气宽中、行滞消胀等功效。

●产业基本情况

衢枳壳是浙江省地方特色药材品种，衢州市的常山、柯城、衢江、龙游等地为主产区，目前胡柚种植面积约12万亩，年产衢枳壳6 000余吨，产值达2亿多元。常山县是"中国胡柚之乡"，"常山胡柚"获国家农产品地理标志保护产品、国家地理标志证明商标。

●产地要求

选择土层疏松、富含有机质、排水良好的沙壤、红黄壤等土壤，土壤pH值5.0~6.5。园地海拔550米以下，坡度不大于30°，不易发生冻害的平地或坡地。

●技术要点

（1）种植。种苗培育，选用常山胡柚原产地产品保护范围内的良种繁育基地生产的良种采穗，品系纯正，产品质量稳定，如01—17等，选用枳属枳为砧木，采用柑橘单芽腹接的方式嫁接。春季定植，以嫁接苗进行矮化密植，山地株行距（3.5~4.0）米×4.0米为宜，平地株行距4.0米×（4.0~4.5）米为宜，每亩栽40~50株。

（2）管理。培养主枝和副主枝，合理布局侧枝群，投产前一年树高冠率控制在 1.0%～1.2%，保持生长结果相对平衡，绿叶层厚度 120 厘米以上，郁闭度控制在 80%～85%，达到通风透光，立体结果。将草覆盖在树基部四周；叶花比在 2：1 以下的树应采取保果（花）措施。按叶果比 60：1～70：1 进行疏果，7 月疏除的幼果可作为衢枳壳中药材原料。在花期、新梢生长期和果实膨大期要求土壤含水量保持在 20%～30%，田间持水量 60%～80%。重点施好芽前肥、壮果肥、冬肥，注重有机肥的使用，注意平衡施肥，使氮、磷、钾及钙、镁、锌等微量元素供应全面，防止缺素症的发生。重点加强黄斑病、黑点病、潜叶甲、红蜘蛛、锈壁虱、潜叶蛾、蚧类、黑刺粉虱、花蕾蛆等病虫害的防治。小青果采摘前 1 个月禁止使用化学农药。

（3）采收与初加工。7 月，果皮沿绿时选晴天采收，采摘的小青果应及时摊置阴凉处或进行初加工处理，应尽量避免损伤。自中部横切，果面直径 3～5 厘米。切面向上摊放在洁净场所上晾晒，翻晒 7～10 天至含水量低于 10% 即可。烘干需将温度控制在 40～60℃，避免温度过高，造成炭化，影响质量。仓储环境整洁，无污染源，做好防虫蛀、防鼠、防霉变等。

●**性状要求**

衢枳壳切片呈不规则弧状条形薄片，切面外果皮棕褐色至褐色，中果皮黄白色至黄棕色，近外缘有 1～2 列点状油室，内侧有的有少量紫褐色瓤囊。质脆。气香，味苦、微酸。

□ 乌 药

●科属及性味功能

乌药为樟科山胡椒属多年生木本植物。味辛，性温。归肺、脾、肾、膀胱经。具行气止痛、温肾散寒等功效。

●产业基本情况

浙江省天台是"中国乌药之乡"、道地主产区，目前种植面积4 000亩，总产量1 000吨。"天台乌药"为国家地理标志保护产品，"天台乌药"获地理标志证明商标。乌药嫩叶列入新食品原料目录。

●产地要求

喜阳光充足、雨水充沛的亚热带气候，宜选海拔300~600米的向阳坡地、山谷，以土质肥沃疏松，土壤为红壤土或红黄壤土最宜。

●技术要点

（1）种植。每年霜降前后20天采摘核果，洗净种子，用0.3%的高锰酸钾浸种消毒30分钟，晾干，于翌年2月底至3月上旬种子少部分发芽时取出播种。可条播和撒播，每亩播种量为5~6千克。覆土后均需覆盖短稻草或蕨类草等。盛夏，小苗需50%~70%遮阳率遮阳，苗圃保持湿润状态，防止积水；按株行距5~10厘米的标准进行间苗和定苗，后期控肥防止秋梢冻伤，及时除草。2—3月，选择二年生至三年生种苗，按株行距1.5米×1.5米定植，每亩约300株。

（2）管理。自第2年开始，结合抚育进行施肥1次，在苗枝干的基部挖穴，每穴均匀施入 100~200 克 (逐年增加) 复合肥。种植 3~4 年后，可根据幼树生长情况进行适当修剪、整枝，达到一定的郁闭度后，应及时进行抚育间伐。

（3）采收与初加工。种植 6~8 年后可开始采收块根，冬季采收为好；采收到的块根，除净根部泥土，采呈纺锤状块根，去除直根、须根，洗净，风干，或切片、风干，置通风干燥处贮藏。每年 3—5 月采收当年生乌药嫩叶，经晾干、杀青、干燥、密封包装，置阴凉干燥处贮藏。

● 性状要求

乌药成品多呈纺锤状，略弯曲，有的中部收缩成连珠状，长 6~15 厘米，直径 1~3 厘米。表面黄棕色或黄褐色，有纵皱纹及稀疏的细根痕。质坚硬。切片厚 0.2~2 毫米，切面黄白色或淡黄棕色，射线放射状，可见年轮环纹，中心颜色较深。气香，味微苦、辛，有清凉感。质老、不呈纺锤状的直根，不可供药用。

□ 前 胡

●科属及性味功能

前胡为伞形科前胡属多年生草本植物。味苦、辛，微寒。归肺经。具降气化痰、散风清热的功效。用于痰热喘满、咯痰黄稠、风热咳嗽痰多。

●产业基本情况

浙江淳安、丽水等地是前胡传统道地产区。目前全省种植面积约1.3万亩，每亩单产300~400千克（干品），年产量2 000余吨，占全国的60%左右。"淳安白花前胡"获国家农产品地理标志登记保护产品。

●产地要求

选择海拔100~1 000米、土质疏松、有机质含量高、排水良好、向阳坡地，以石灰岩土壤为宜，也可选择在疏林下套种。排水不良易烂根，质地黏重的黄泥土和干燥瘠薄的河沙土不宜栽种。

●技术要点

（1）播种。采用种子繁殖，育苗移栽或直播，冬播时间在11月上旬至翌年1月下旬，春播在3月上旬。采用穴播或条播，将种子均匀撒于畦面，然后用竹扫帚轻轻扫平，每亩用种量2~3千克。夏天高温干旱时需常浇水，当幼苗长到3~5厘米高时，间苗，拔除过密和过细的前胡苗。

（2）管理。3月底至4月初，当前胡植株长到20~30厘米高、花茎形成时，结合第一遍中耕除草，除保留基生叶外，从基部折断花茎、打顶。对一年生生长过于旺盛的植株，可在6月中旬折枝打顶。基肥和追肥以有机肥为主，推广无烟草木灰技术，幼苗期至7月底不宜追肥，以免造成植株提前抽薹开花，当根部木质化时可施追肥2次，第一次在8月上旬，第二次在8月下旬至9月上旬，每次每亩施复合肥15千克。冬季在根茎上面覆盖土壤或厩肥，防止冻害发生。做好蚜虫、黄刺蛾、蛴螬、白草蚧履、根腐病、白粉病等防治工作。

（3）采收和初加工。于霜降后植株枯萎至翌年春分前采收。采收时全株挖起，抖去泥土，去除叶茎，晒干或低温烘干。制干中，须根干燥而主根未干时，应及时除去须根后再干燥至全干，使含水量≤12.0%。加工后的成品前胡药材宜用净麻（布）袋装，并置于阴凉干燥处保存，贮藏环境应整洁干燥，且应定期检查，发现吸潮、返软时，应及时晾晒干燥处理。

● 性状要求

白花前胡呈不规则的圆柱形、圆锥形或纺锤形，稍扭曲，下部常有分枝，长3~15厘米，直径1~2厘米。表面黑褐色或灰黄色，根头部多有茎痕和纤维状叶鞘残基，上端有密集的细环纹，下部有纵沟、纵皱纹及横向皮孔样突起。质较柔软，干者质硬，可折断，断面不整齐，淡黄白色，皮部散有多数棕黄色油点，形成层环纹棕色，射线放射状。气芳香，味微苦、辛。

□ 西红花

●科属及性味功能

西红花为鸢尾科番红花属的一年生草本植物。味甘，性平。归心、肝经。具活血化瘀、凉血解毒、解郁安神等功效。

●产业基本情况

浙江省是西红花全国主产区，作为国家重点发展的中药材品种，主产于建德、秀洲、永康、缙云、海盐、武义等地。目前全省种植面积约 6 000 亩，花丝总产量 4.5 吨，约占全国的 50%，花丝深红色，有光泽，无黄点，品质好。"建德西红花"获国家农产品地理标志登记保护产品。

●产地要求

宜选择生态条件良好、冬季最低气温不低于零下 10℃、夏季较凉爽、昼夜温差大的产区。选阳光充足、排灌方便、疏松肥沃、保水保肥性好、pH 值 5.5~7.0 的壤土或沙壤土种植。以水稻等水田作物轮作为宜。

●技术要点

（1）种植。西红花生产分大田种球繁育和室内培育开花两个阶段。严格选用无病球茎和抗性好的品种，选用"番红1号"等良种，可采用异地换种减轻病害的发生。栽种前先剥除种球苞衣，留足主芽，除净侧芽，按种球大小分类；栽种前 15~20 天深翻土壤，打碎土块，于 11 月上中旬选晴天移栽，最迟不超过 12 月上旬，每亩用种 400~450 千克；栽种后，每亩用干稻草 1 500 千克覆盖行间作面肥，然后将沟中的泥土覆盖于畦面，覆土厚度3厘米左右。

（2）田间管理。基肥和追肥以钾肥为主，推广无烟草木灰技术；及时拔除杂草，同时去除种球四周长出的侧芽，4月中旬西红花老叶转黄后停止除草。田间及时排灌，保持土壤湿润，严防干旱和田间积水。做好细菌性腐烂病、西红花枯萎病等防治工作；4月底至5月上旬，选晴天收获种球，并及时运回室内，薄摊在阴凉、干燥、通风地面上，高度不超过30厘米。

（3）出花管理。种球在室内摊放一周以后，及时整理分档上匾。上匾时种球摆紧，确保主芽垂直向上。上架后，室内以少光阴暗为主，室温30℃以下，湿度60%以下，经常上下互换匾的位置，夏季采用门窗挂草帘或深色窗帘遮光、地面洒水或喷雾等措施来调节温、湿度。根据种球个体大小合理留芽，保留顶芽1~3个，一般主芽长度控制在20厘米以内。注意光、温、湿度调控，室内光线要求明亮，开花适温为15~18℃，相对湿度保持在80%左右。

（4）采花与初加工。当花蕾将开时及时采摘，先集中采下整朵花后再集中剥花，采摘时断口宜在花柱的红黄交界处，剥花用手指撕开花瓣，取出花丝。当天采下的花丝摊薄，在专用烘干机上烘干，在40~50℃条件下烘至含水量不超过12.0%。烘干的花丝及时包装，并在5℃左右的恒温库贮藏。

●**性状要求**

西红花干花丝呈线形，三分枝，长约3厘米。暗红色，上部较宽而略扁平，顶端边缘显不整齐的齿状，内侧有一短裂隙，下端有时残留一小段黄色花柱。体轻，质松软，无油润光泽，干燥后质脆易断。气特异，微有刺激性，味微苦。

| 三 | 浙产特色道地中药材 |

□ 黄栀子

● **科属及性味功能**

黄栀子为茜草科栀子属多年生灌木。味苦，性寒。归心、肺、三焦经。具有泻火除烦、清热利湿、凉血解毒的功效。用于清热、泻火、凉血；含有黄色素，可提炼天然色素，用作食品添加剂。

● **产业基本情况**

浙江省是黄栀子的主产区之一，主产于平阳、泰顺、文成、苍南、淳安、安吉等地。目前全省种植面积约6.5万亩，每亩产量600~800千克，总产量约1.2万吨。以栀子为原料开发出的美妆产品、洗护产品、食用油等产品已推向市场。"温栀子"获国家农产品地理标志保护产品。

● **产地要求**

喜温暖湿润气候，幼苗能耐荫蔽，成年植株要求阳光充足，较耐旱。宜选择疏松肥沃，通透性好且排灌方便的沙壤土作为育苗地；种植地宜选土层深厚土壤疏松肥沃的地块。

●技术要点

（1）扦插繁殖。2月中下旬和9月下旬至10月下旬，选2年生健壮枝条，截成15~20厘米长的小段，按株行距10厘米×15厘米插于苗床中，插条入土深约2/3。插后浇透水，保持苗床湿润，一年后可以移栽定植。

（2）管理。12月至翌年2月栽植，一般以2月中旬为好。穴大小为30厘米×30厘米，每亩栽种350~450株，移栽前苗木用钙镁磷肥拌黄泥浆蘸根。定植后每年在春夏秋各中耕除草1次，冬季全垦除草并培土1次，发现死亡缺株及时补种。追肥分别施用发枝肥、促花肥、壮果肥，冬季施基肥。定植生长1年后冬季开始修剪，定植后2年内摘除花芽。

（3）采收与初加工。3年后每年在果皮呈红黄色时分批采收，10月下旬采收第1批已经成熟的果实，11月上旬采收剩余的全部果实。及时除去杂质、虫果和霉果，将栀子用105~135℃蒸汽杀青4~6分钟，进入烘房用55℃以下热风循环烘干约20小时，再"发汗"1天，最后用65℃烘干；或太阳下暴晒约5天，至七成干，然后堆放室内"发汗"1~2天，接着再晒4~5天，再收回"发汗"2~3天，最后晒5~6天，控制含水量在7%，风机去杂、装袋，仓储注意防鼠、防霉。

●性状要求

黄栀子成品呈长卵圆形或椭圆形，表面红黄色或棕红色，具6条翅状纵棱，棱间常有1条明显的纵脉纹，有分枝。顶端残存萼片，基部稍尖，有残留果梗。果皮薄而脆，内表面色较浅，具2~3条隆起的假隔膜。种子多数，扁卵圆形，深红色或红黄色，表面密具细小疣状突起。气微，味微酸而苦。

□ 白及

●科属及性味功能

白及为兰科白及属植物，味苦、性甘、涩，微寒。归肺、肝、胃经，具收敛止血、消肿生肌等功效，用于咯血、吐血、外伤出血、疮疡肿毒、皮肤皲裂。

●产业基本情况

白及主要分布在浙江江山、衢江、安吉、淳安、桐庐、临安、平阳、新昌、磐安、开化、天台等地。种植面积1万亩，总产量约1300吨。

●产地要求

喜温暖、湿润、阴凉的气候环境，耐阴性强，忌强光直射，一般种植于疏松肥沃的沙质壤土和腐殖质壤土，排水良好的山地栽种时，宜选阴坡生荒地栽植。

●技术要点

（1）种植。选紫花品种，白花品种不可入药。常用分株繁殖。冬季到翌年的3月初种植，选优质块茎，用刀横切小块，每块带2~3个芽，伤口蘸草木灰后栽种。按株行距30厘米×30厘米，挖穴10厘米。栽时穴内先放点磷肥或火灰土，再覆点细土，种茎放细土上，每穴栽种茎2~3个，栽后覆上5厘米内土，浇定根水。一般田地每亩用种苗8000~10000株，一般山坡地每亩用种苗4000~6000株。

（2）管理。栽培地要保持湿润，遇天气干旱及时浇水。7—9月干旱时，早晚各浇一次水。雨季或每次大雨后及时疏沟排除多余的积水，避免烂根。在3—4月白及苗出齐后、6月生长旺盛期、8—9月进行中耕除草，浅中耕，以免伤芽、伤根。结合中耕除草，每年追肥3~4次，分别在3—4月齐苗后，每亩施硫酸铵4~5千克，对腐熟清淡粪水施用；5—6月生长旺盛期，每亩施过磷酸钙30~40千克，拌充分沤熟后的堆肥，撒施在厢面上，中耕混入土中；8—9月，每亩施入腐熟农家肥拌土杂肥2 000~2 500千克。做好块茎腐烂病、叶褐斑病、菜蚜、地老虎等防治。当年不收获的白及要加强越冬保护，通常是覆土或施充分腐熟的农家肥后再覆土。

（3）采收及初加工。栽种后4年，于9—10月茎叶枯黄时采收。采挖时，先清除地上残茎枯叶，用锄头从块茎下面平铲，把块茎连土一起挖起，抖去泥土，选留头芽的块茎作种栽；不摘须根，单个摘下；其余祛除茎秆和根须，放入箩筐，置清水中浸泡洗净；再用笼蒸法或水煮法加工。

●**性状要求**

白及成品呈不规则扁圆形，多有2~3个爪状分枝，长1.5~5.0厘米，厚0.5~1.5厘米。表面灰白色或黄白色，有数圈同心环节和棕色点状须根痕，上面有突起的茎痕，下面有连接另一块茎的痕迹。质坚硬，不易折断，断面类白色，角质样。气微，味苦，嚼之有黏性。

□ 黄 精

●科属及性味功能

黄精为百合科黄精属多年生植物。味甘、性平。归脾、肺、肾经。具有补气养阴、健脾、润肺、益肾的功效。

●产业基本情况

浙江省是黄精传统道地产区,浙西南山区的淳安、桐庐、衢江、开化、龙游、江山、遂昌、庆元、云和、龙泉、景宁、松阳等地山区发展较快。目前全省种植面积约4.5万亩,以多花黄精为主;2019年收获面积1.5万亩左右,干品产量约5 294吨。黄精是药食两用品种,近年来加大产品研发,开发了"九制黄精"休闲食品、黄精酒、黄精膏、黄精茶、药膳等产品。

●产地要求

宜选择生态环境良好、土层深厚、pH值5.5~7.0的林地或山地,宜选阴坡、半阴坡,郁闭度0.5~0.6、坡度≤25°;黏重土、低洼积水、地下水位高的地块不宜种植。

●技术要点

(1)种植。选择多花黄精优质苗和合格苗作为种苗,根茎粗壮,1~2节重50克以上、健壮新芽1个或多个,根系发达,无病害,无腐烂。一般采用穴播或条播,9—12月或翌年3—4月种植,种植密度每平方米6~11株,种茎最好随挖随种,播种深度8~10厘米,有条件的可用稻草、稻壳、茅草等覆盖,以减少杂草。种植前施足有机肥,建议选择腐熟农家肥、商品有机肥等作基肥,每亩施有机肥1 320~1 650千克、钙镁磷肥20~40千克，施于穴底或沟底，与土充分拌匀。

（2）管理。除草松土、除顶摘蕾、施追肥。4—5月驻顶现蕾时，摘除多花黄精顶梢、花蕾、花朵，每株保留7~9片叶，同时中耕除草和施追肥。多花黄精根茎新芽发生时间与开花基本同步，一般在4月中旬到5月初，这段时间是施追肥的最佳时间，每亩撒施有机无机复混肥20~40千克。梅雨季节过后不宜除草，大田种植可在4月上旬搭建透光率30%~40%的荫棚遮阳，10月中旬可除去遮阳棚。黄精病虫害主要有小地老虎、蛴螬、叶蝉和叶斑病、黑斑病、炭疽病、根腐病、枯萎病等，防治须遵循"预防为主，综合防治"方针，优先选用农业、物理、生物等绿色防控技术。

（3）采收与初加工。一般栽后3~4年采收，秋季植株地上部分完全枯萎时，选无雨、无霜天挖取根茎，采收的新鲜根茎，除去残存植株、烂疤，清洗干净后，置蒸锅内上气后蒸30分钟以上，蒸至透心时取出，抹去须根，烘干或晒干，密封储藏或销售。

● 性状要求

大黄精呈肥厚肉质的结节块状，结节长可达10厘米以上，宽3~6厘米，厚2~3厘米。表面淡黄色至黄棕色，具环节，有皱纹及须根痕，结节上侧茎痕呈圆盘状，圆周凹入，中部突出。质硬而韧，不易折断，断面角质，淡黄色至黄棕色。气微，味甜，嚼之有黏性。

姜形黄精呈长条结节块状，长短不等，常数个块状结节相连。表面灰黄色或黄褐色，粗糙，结节上侧有突出的圆盘状茎痕，直径0.8~1.5厘米。

□ 温山药

●科属及性味功能

温山药为薯蓣科薯蓣属藤本植物参薯。味甘，性平。归脾、肺、肾经。具补脾养胃、生津益肺、补肾涩精的功效。

●产业基本情况

浙江温州是温山药传统道地产区，种质资源丰富、表型性状差异大。全省种植面积约3万亩（含糯米山药、紫山药等），单产2 000千克左右，总产量约6万吨，主要分布在瑞安、文成、泰顺、苍南、乐清以及温岭、江山等地。为地方药用品种，亦作食用。

●产地要求

宜选择日光充足、排水良好、土层深厚、肥沃、湿润、排水良好的沙质壤土地块种植。

●技术要点

（1）种植。选用品质好，丰产性好，加工性能好的"温山药1号"良种，种苗育苗宜在3月中旬进行，晴天时分别切除种薯两端较细部分，然后横切成4~6厘米、100~150克圆柱形种块，切口处均匀蘸上草木灰后在日光下晒1~2小时。用种量每亩180~220千克。处理好的种块按自然生长方向布置于畦面，种块间隔1厘米左右，覆盖3厘米左右细薄土，再覆盖一层薄稻草，20~30天出苗，待芽长3~5厘米即可移栽。宜在清明前后定植，种植前土壤平整，单行筑畦，行距1.2米左右；每亩施3 000~4 000千克有机肥、30千克过磷酸钙作基肥，并与表土充分混匀。定植时顺畦面每隔30~35厘米穴栽，种植密度每亩1 300株左右；每种苗留芽一个，芽朝上，竖放置穴正中，均匀覆土，压实，畦面覆盖稻草，稻草勿盖压种苗。

（2）管理。待苗生长到20~25厘米时进行搭架，架杆插成"人"字架，并人工引蔓上架。及时培土除草。8月上旬至中旬时，每亩可追施50千克硫酸钾肥促进块茎生长。以农业防治为主，辅以生物防治和物理防治，尽量减少农药防治次数，优先使用生物农药。

（3）采收与初加工。在11月晴天时采收。先拔去搭架，清理藤蔓，采用深挖工具采挖，采挖时勿损块茎周皮，保持块茎完整，去除须根和芦头，洗净泥土后加工。

毛山药：块茎切去芦头，竹片除去外皮，干燥。山药片：洗净块茎，刮去外皮，趁鲜切成3毫米左右厚片，晒干；或未完全干燥时的毛山药切厚片，干燥。光山药：选肥大顺直的干燥毛山药，置清水中浸至无干心，闷透，切齐两端，用木板搓成圆柱状，晒干，打光。

● **性状要求**

温山药切片为类圆形的厚片，直径1.5~6.0厘米。切面类白色，粉性，致密或具蠕虫状裂隙，有多数小亮点，维管束散生，筋脉点状，白色至淡棕色。质坚脆。气微，味淡或微酸，嚼之发黏。

□ 薏 苡

● 科属及性味功能

薏苡为禾本科一年生草本植物。性凉，味甘、淡。归脾、胃、肺经。具有利水渗湿、健脾止泻、除痹、排脓、解毒散结的功效。

● 产业基本情况

浙江省是薏苡的传统道地主产区，也是我国最早栽培薏苡的地区之一，主要分布于泰顺、缙云、文成、江山、庆元县等地。全省种植面积 1.4 万亩，单产每亩 150 千克，总产量约 2 000 吨。"缙云米仁"获国家地理标志登记保护产品。浙江康莱特药业用于提取生产"康莱特注射液"，年销售额 5 亿多元。

● 产地要求

薏苡对土壤要求不严，可选择河道和灌渠两侧低洼涝地种植，干旱严重环境和过于瘠薄土壤不宜种植。忌连作，也不宜与禾本科作物轮作。

● 技术要点

（1）种植。选用"浙薏 1 号""浙薏 2 号"或"缙云米仁"等地方品种，每亩播种量 5~6 千克。为预防薏苡黑穗病，播种前应晒种 1 天后再浸种 24 小时，然后在沸水中烫 2~3 秒，立即摊开，晾干水气。4 月至 5 月初直播或育苗移植。直播提倡穴播，按株行距 50 厘米 ×30 厘米，每穴种 3~4 粒，播后盖土压实与地面相平。育苗移植，在苗高 15~20 厘米时移植大田。

（2）管理。幼苗3~4片真叶时间苗，每穴留苗2~3株。拔节后，摘除第一分枝以下的老叶和无效分蘖，以利通风透光，可以增加产量5%以上。及时中耕除草、培土，防后期倒伏。第一次中耕时，每亩施农家肥1 500千克，或过磷酸钙5千克加硫酸铵10千克；第二次中耕时，施复合肥50千克；于开花前根外喷施1%~2%的磷酸二氢钾溶液。孕穗和扬花期，注意及时灌水。做好叶枯病、黑穗病、玉米螟、黏虫等防治，提倡使用生物源农药和矿物源农药及新型高效、低毒、低残留农药。

（3）采收与初加工。霜降至立冬前(10月下旬至11月中旬)采收，以植株下部叶片转黄时，80%果实成熟为适宜。收割时选晴天割取全株或只割茎上部，割下打捆堆放3~5天，可使未成熟粒后熟，用打谷机脱粒。大面积种植可以采用收割机作业，提高采收效率。脱粒后晒干或烘干，扬去杂质进行贮藏。将净种子用碾米机碾去外壳和种皮，筛或风净。注意要根据近期使用量进行定量加工，加工成薏苡米后很难长时间保存。

●性状要求

薏苡干品呈宽卵形或长椭圆形，长4~8毫米，宽3~6毫米。表面乳白色，光滑，偶有残存的黄褐色种皮；一端钝圆，另端较宽而微凹，有1淡棕色点状种脐；背面圆凸，腹面有1条较宽而深的纵沟。质坚实，断面白色，粉性。气微，味微甜。

□ 山茱萸

● 科属及性味功能

山茱萸为山茱萸科山茱萸属的多年生木本药材。味酸、涩，性微温，归肝、肾经。具有补益肝肾、收涩固脱的功效。可健胃、补肝肾，治贫血、腰痛、神经及心脏衰弱等症，适用于肝肾不足所致的腰膝酸软、遗精滑泄、眩晕耳鸣之症。

● 产业基本情况

浙江省是山茱萸传统道地主产区，主产于淳安、临安，质量居全国之首。全省种植面积5.5万亩，年产量约2 000吨，产值近亿元，是知名中药"六味地黄丸"中重要的一味。"淳萸肉"获国家地理标识证明商标。

● 产地要求

宜选择海拔600~1 200米的阴坡、半阴坡或阳坡的山谷和山下部。园地要求光照充足，土质肥厚，质地疏松，排灌良好，富含有机质、肥沃的沙质壤土，以黄棕壤和棕壤土为主，pH值5.0~7.0，呈微酸性偏中性。

● 技术要点

（1）种植。选择抗性好、产量高、品质优良的品种进行栽培。每年11月苗木落叶后至翌年2月底起苗，苗高70厘米以上，适当修剪苗木根系。分为秋栽和春栽。实生苗每亩宜栽植30~40株。嫁接苗每亩宜栽植50~55株。扶正苗木，用手轻提苗木，使根系舒展，然后踏实，同时浇透水以定根，之后再覆一层松土。定植后应灌溉2~5次。

（2）管理。幼林期每年6—7月进行除草，10月进行浅垦；成林后每年7月上旬旱季来临至采收前劈除杂草，不得使用任何种类的除草剂，10月后逐年向树干外围深挖垦抚。施肥第一次在11月或翌年3月上旬，第二次在6月上旬。以施有机肥为主，每株施有机复合肥1~1.5千克或施尿素和过磷酸钙各0.5千克、饼肥0.5千克。幼林期离幼树30厘米处沟施，成林后沿树冠投影线沟施。初花期用2.5%~3.5%的农用硼砂液涂干，盛花期用0.5%~1%的农用硼砂水和5~10毫克/千克的2，4-D液混合喷雾2~3次保花保果。整形修剪，培养高产树形。做好角斑病、炭疽病、灰色膏药病、山茱萸蛀果蛾、木橑尺蠖、绿尾大蚕蛾等防治工作。

（3）采收与初加工。当山茱萸果实由青变红，大部分（80%以上）为红色，即可采收。采收时期一般为10月前后，不得在露水、雨天下采摘。净选枝叶、果柄、病果等杂质，软化方法分为水煮、水蒸、火烘三种。将软化冷却后的果实用脱核机或人工挤去果核，同时清除残核等杂物。将果肉均匀薄摊于干净的竹匾上，晾晒，初晒勤翻动后期减少翻动次数；也可用炭火缓烘，初烘温度70℃，勤翻动，后期温度60℃，减少翻动次数；日晒或缓烘至沙沙响时收起，摊凉，置容器中密封。

● **性状要求**

山茱萸呈不规则的片状或囊状，长1.0~1.5厘米，宽0.5~1.0厘米。表面紫红色至紫黑色，皱缩，有光泽。顶端有的有圆形宿萼痕，基部有果梗痕。质柔软。气微，味酸、涩、微苦。

□ 山银花

●科属及性味功能

山银花为忍冬科忍冬属多年生落叶木质藤本植物的红腺忍冬。味甘，性寒。归肺、心、胃经。具清热解毒，疏散风热的功效。

●产业基本情况

山银花是浙江温州地区传统道地药材，目前全省种植面积1.5万亩，总产量约2000吨，主要分布在瑞安、文成、永嘉、泰顺、平阳、乐清、淳安、新昌、开化、莲都、景宁等地。

●产地要求

宜选择背风向阳、光照良好的缓坡地或平地，以土层深厚、疏松、肥沃、湿润、排水良好的沙壤土，酸碱度为中性或微酸性，灌溉方便的地块为好。

●技术要点

（1）扦插育苗。选择生长健壮的母树，在3—4月，或9—10月，取一年生、二年生充实健壮、木质化的枝条，剪成长30厘米左右、下端斜形的插条，保留2~3个节，并摘除下部叶片，注意剪后保湿、及时扦插。苗床行距25厘米，沟深25厘米开横沟，每隔3厘米左右摆放1根插条，1/2~2/3插入土内，使上端露出5~8厘米，再压实、浇水。每隔2天浇水1次，保持土壤湿润。畦上可搭遮阳棚，或盖草遮阳，待长出根后撤除。

（2）种植。种植前将土地全面深翻30厘米，施足底肥，筑成宽约1米的畦。一般按行株距100厘米×70厘米挖穴，穴径40厘米，穴深30厘米。穴内施入底肥与土混匀，将幼苗适当修剪后，每穴栽种1株，填土压实浇水。

（3）管理。在定植成活后的前两年，每年中耕除草3~4次，进入盛花期后，每年春夏之交须中耕除草一次，每3~4年深翻改土一次。结合深翻，增施有机肥，促使土壤熟化。为了方便采摘和管理，每年夏季和冬季进行修剪整形，使树高和冠幅宜控制在1.3米左右。整个植株整形一般需2~3年完成。使用农家肥为主，控制硝态氮肥的使用量，实现磷钾肥配合使用。

（4）采收与初加工。5—8月，当花蕾由绿色开始变为白色，即下部绿色，上部白色膨胀将要裂口而尚未开放时采摘为宜。采摘应在上午11时前进行。采摘下来的山银花尽量在当天完成加工，干燥程度以干花捏而有声、抓而即碎、色泽纯正、香气浓郁即可。山银花采后应及时加工干燥。加工方法包括晾晒、烘烤和蒸汽干燥。烘烤方式又分为火炕烘干和烘箱烘干。

● 性状要求

灰毡毛忍冬，呈棒状而稍弯曲，长3.0~4.5厘米，上部直径约2毫米，下部直径约1毫米。表面绿棕色至黄白色。总花梗集结成簇，开放者花冠裂片不及全长之半。质稍硬，手捏之稍有弹性。气清香。味微苦甘。

红腺忍冬，长2.5~4.5厘米，直径0.8~2毫米。表面黄白至黄棕色，无毛或疏被毛，萼筒无毛，先端5裂，裂片长三角形，被毛，开放者花冠下唇反转，花柱无毛。

□ 衢陈皮

● 科属及性味功能

衢陈皮为芸香科柑橘属柑橘及其栽培变种（主要为椪柑、朱桔等）。性温，味苦、辛。归肺、脾经。具理气健脾、燥湿化痰功效。主治脘腹胀满、食少吐泻、咳嗽痰多等症。

● 产业基本情况

衢州是衢陈皮主要产区，其辖区内湖南镇拥有独特的库区环境小气候，夏季昼夜温差相对较大，相对湿度较高，该地区产出的衢陈皮品质高。目前衢州常年种植面积 16.5 万亩，年产衢陈皮原材料 5 000 余吨，产值约 5 000 万元。

● 产地要求

喜阳光，排水良好，保水能力强的肥沃沙质壤土。选择坡度 25° 以下、海拔 300 米以下的地方建园。土层深 50 厘米以上，地下水位在 100 厘米以下，经改土后土质疏松肥沃，土壤 pH 值 5.5~6.5，有机质 1.5% 以上。

● 技术要点

（1）种植。春季定植在 2 月下旬至 3 月中旬。秋季定植在 10 月上旬至 10 月中旬。定植采用定植沟或定植穴两种方式。定植沟宽 80 厘米、深 60 厘米。定植穴直径 100 厘米、深 60 厘米。丘陵坡地株行距 3.5 米 ×4 米或 4 米 ×4 米，每亩栽 42~48 株。平地株行距 4 米 ×5 米，每亩栽 34 株。当树冠覆盖率达 70% 时，应对加密部分植株进行间伐或移栽。

（2）管理。对 1~3 年生树，以整形培养树冠为主，培养主枝、选留副主枝，树高控制在1.5~1.7米，及时摘除花蕾。对4~6年生长结果树，继续培育扩展树冠，合理安排骨干枝，适量结果。对6~30年盛果期树，绿叶层厚度200厘米以上，树冠覆盖率控制在80%以内，通风透光，立体结果。多花树春季适度修剪，减少花量；在7月中旬将横径在2厘米以下的果实疏除，8月下旬将横径在3.5厘米以下的果实疏除。幼龄橘园在夏季和冬季于树盘外种植绿肥或豆科作物。土壤pH值小于5.5的园地改土时，每亩撒施石灰50~100千克；结果树每亩年施肥量以氮磷钾纯养分计为115~145千克，施好芽前肥、保果肥、壮果肥等，花期和幼果期根据树体营养状况叶面喷施锌、镁、硼等微量元素肥料。旱季做好培土和树盘覆盖进行保水，果实品质形成关键期（采收前的20天内）控水。做好疮痂病、蚜虫、螨类、红蜘蛛等防治工作。

（3）采收与初加工。在果实面红只占1/4时即可采摘，若采摘时间过迟，会影响果树翌年的结实。采摘时要用采果工具（果剪、采果梯、箩筐等），不可用棍乱打，或用手摘而使果蒂留在枝上，这样会影响翌年产量，采的果实也易于腐烂。采摘后的鲜果宜及时加工，无法及时加工的，应规范地做好保鲜措施。加工的主要流程是净选→开皮→翻皮→干皮→包装→入库。

●性状要求

衢陈皮常剥成数瓣，基部相连，有的呈不规则的片状，厚1~4毫米。外表面橙红色或红棕色，有细皱纹和凹下的点状油室；内表面浅黄白色，粗糙，附黄白色或黄棕色筋络状维管束。质稍硬而脆。气香，味辛、苦。

□ 白花蛇舌草

●科属及性味功能

白花蛇舌草为茜草科耳草属草本植物。味甘、淡，性凉。归胃、大肠、小肠经。具有清热解毒、消肿止痛。主治阑尾炎、气管炎、尿路感染、毒蛇咬伤、肿瘤、肠风下血等。

●产业基本情况

浙江省是白花蛇舌草传统道地产区，主产于开化、衢江、常山等地，种植面积1 736亩，单产300~350千克（干品），产量680吨。

●产地要求

喜温暖、潮湿环境，需要充足的阳光，不耐干旱和积水，以疏松、肥沃的腐殖质壤土为佳。

●技术要点

（1）种植。4月中下旬为最佳播种期，播种前应进行种子处理，将白花蛇舌草的果实放在水泥地上，用橡胶或布包的木棒轻轻摩擦，脱去果皮及种子外的蜡质，然后将细小的种子拌细土数倍，便于播种均匀。浅耕细耙，开沟作畦，畦宽1米，畦沟深30厘米，畦面呈龟背形，以便排灌。将基肥均匀撒入土内，基肥每亩施各种腐熟的农家肥500千克或复合肥100千克。一般以条播和撒播两种，条播行距为30厘米，撒播将带细土的种子均匀播在畦面上，稍压或用竹扫帚轻拍，有利于出苗，早晚喷浇1次水，保持畦面湿润，但不积水。每亩用纯种量150克左右。在播种后用稻草薄盖一层，白天遮阳，晚上揭开，直至出苗后长出4片叶子为止。

（2）管理。幼苗出土后植株尚未被散之前应勤除杂草，并追浇1次稀人畜粪水，待植株长大被散满地时，就不再除草，以免锄伤植株。播种后应经常浇水，保持土壤湿润，但忌畦面积水，雨后有积水要及时排除；在小暑至大暑期间应在沟内灌水，起到降温、防止植株烧伤作用，在植物生长期间，水源是关键，既要防旱又要防涝，果期可停止灌溉。追肥，在6月上旬苗高10厘米左右时，每亩用人粪500千克，加入5倍水泼浇，中期按长势可不定期追施清水粪，又因白花蛇舌草苗嫩，追肥时要掌握浓度，以防烧灼。生长前期常有地老虎咬食幼芽、根茎；生长中后期有日本雀天峨咬食叶片和嫩茎，可用甲维盐于清晨露水干前人工捕杀。

（3）采收与初加工。在10月上中旬选择晴天收获，留种，选粗壮植株、分枝多、果实成熟的全草，齐地面割取地上部分，晒干后全草连果实一起保存，待来年播种，一般出苗率在60%以上。全草收获后，除去沙土和非药用部分等杂质，将白花蛇舌草放在清水池中洗去泥土，晒干即为商品；也可开展产地鲜切、杀青、干燥加工，提高品质。产品打包置通风干燥处，防霉、防蛀。

● **性状要求**

白花蛇舌草干品全草条形，切段后呈段状。茎纤细，具纵棱，淡棕色或棕黑色。叶对生；叶片线形，棕黑色；托叶膜质，下部连合，顶端有细齿。花通常单生于叶腋，具梗。蒴果呈扁球形，顶端具4枚宿存的萼齿。种子深黄色，细小，多数。气微，味微涩。

□ 天 麻

● 科属及性味功能

天麻为兰科天麻属多年生寄生异养型的草本植物，干燥块茎，与蜜环菌共生而获得。味甘，性平。归肝经。具有息风止痉、平抑肝阳、祛风通络的功效。主治肝风内动、惊痫抽搐、眩晕、头痛、肢体麻木、手足不遂、风湿痹痛等。

● 产业基本情况

浙江省是天麻传统道地产区之一，主产于磐安、东阳、仙居等地，目前全省种植面积约 2 000 亩，每亩产量 500 千克左右，年产量约 1 000 吨。

● 产地要求

喜阴湿，以富含腐殖质、疏松肥沃、排水良好、微酸性的沙质壤土为好，土壤 pH 值宜 5.3~6。宜选在海拔 500 米以上，无特定病原体、夏季气候凉爽，而冬季又有明显冷冻期的区域，坡度在 25° 以下的山坡林地。

● 技术要点

（1）种植。选用发育完好、无病虫害、无损伤、新鲜健壮的 0 代种麻或 1 代个体重 10 克以上白麻最佳，选用合格的蜜环菌栽培菌种，栽培时间以 11 月至翌年 2 月底。栽培时首先在山坡上挖深 30 厘米左右，穴宽 50~60 厘米，穴长根据菌棒数而定，一般每穴放 5~10 根；种麻摆在两棒之间和棒头旁，每根长 40~50 厘米菌材栽 6~8 个种麻，盖土填好。覆土厚 10 厘米左右，并在穴顶盖一层 5~6 厘米厚的树叶，可保湿和防止土壤板结。

（2）管理。4月开始生长，6—8月进入旺盛生长期，此时要覆草或搭棚遮阳，要防止干旱、高温和注意补水。土壤含水量保持在45%～50%，温度在18～26℃时蜜环菌和天麻块茎生长最快，低于12℃或高于30℃，蜜环菌生长受到抑制，天麻生长缓慢。9月中旬以后，天麻进入相对稳定到日渐停止生长期，需注意开沟排水，防止积水。需做好黑腐病、锈腐病、白蚁、蛴螬等病虫害防治工作。

（3）采收与加工。天麻收获期一般安排在11月底至翌年2月。挖出块茎后应立即洗净，擦去外皮，及时浸入清水或白矾水，然后捞起，入沸水中蒸煮透至无白心为度，再将蒸煮好的天麻摊晾于通风处至半干后在60℃以下烘干或晒干。

●性状要求

天麻成品呈椭圆形或长条形，略扁，皱缩而稍弯曲，长3～15厘米，宽1.5～6.0厘米，厚0.5～2.0厘米。表面黄白色至淡黄棕色，有纵皱纹及由潜伏芽排列而成的横环纹多轮，有时可见棕褐色菌索。顶端有红棕色至深棕色鹦嘴状的芽或残留茎基；另端有圆脐形疤痕。质坚硬，不易折断，断面较平坦，黄白色至淡棕色，角质样。气微，味甘。

□玉 竹

● 科属及性味功能

玉竹为百合科黄精属的多年生草本植物。味甘，性微寒。归肺、胃经。具养阴、润燥、清热、生津、止咳等功效。主治热病伤阴、虚热燥咳、心脏病、糖尿病、结核病等症，并可作高级滋补食品、佳肴和饮料，具有保健作用。

● 产业基本情况

浙江省是玉竹传统道地主产区，主产于磐安、新昌、云和、瓯海等山区，目前全省种植面积6 183亩，每亩产量500千克左右，总产量约1 000吨。

● 产地要求

宜选在海拔500米以上，避风、气候凉爽，土层深厚、排水良好、疏松肥沃的沙质壤土为好，忌连作，前茬以禾本科和豆科作物（水稻、玉米、小麦、大豆、花生）为好。

● 技术要点

（1）种植。选择抗逆性强、丰产性好的"浙玉竹1号"良种。在8—9月玉竹收获时，选择黄白色、新鲜、无病虫害、无霉变、无破损、肥壮、顶芽饱满，长度10厘米以上的玉竹根茎作种栽。栽种以9月下旬至11月下旬为宜，每亩用种茎量200~300千克，株距35~40厘米，行距35~40厘米，穴深8~12厘米，穴底平整，每穴交叉放3~4个种栽，种栽平放，芽头向四周呈放射状，种植后覆土至畦面平。覆土后上盖一层10~15厘米厚的秸秆覆盖物。

（2）管理。宜使用腐熟农家有机肥和商品有机肥，推广应用草木灰，限量使用化肥，实行配方施肥，结合施肥中耕培土；栽种后视草情进行人工除草。四周开好排水沟，防渍害；做好灰霉病、锈病、根腐病、蛴螬、小地老虎等防治工作。

（3）采收与初加工。栽后第三年的8—9月，待玉竹地上茎叶枯萎时，选晴天采挖。先将茎叶割除，然后用齿耙顺行挖取，抖去泥土，运回室内。加工时先用清水洗去玉竹根茎的泥沙、污渍，再将清洗干净的玉竹根茎放在阳光下暴晒3~4天，至外表变软，有黏液渗出时，置竹篓中轻轻撞去根毛，继续晾晒至由白变黄时，用手反复搓擦数次，至柔软光滑、无硬心、色黄白时，晒干即可。

● **性状要求**

玉竹成品呈长圆柱形，略扁，少有分枝，长4~18厘米，直径0.3~1.6厘米。表面黄白色或淡黄棕色，半透明，具纵皱纹和微隆起的环节，有白色圆点状的须根痕和圆盘状茎痕。质硬而脆或稍软，易折断，断面角质样或显颗粒性。气微，味甘，嚼之发黏。

□ 半 夏

●科属及性味功能

半夏为天南星科半夏属多年生单子叶草本药用植物。归脾、胃、肺经。具燥湿化痰、降逆止呕、消痞散结的功能。内治湿痰寒痰、咳喘痰多、痰饮眩悸、风痰眩晕、痰厥头痛、呕吐反胃、胸脘痞闷、梅核气；外治痈肿痰核。

●产业基本情况

浙江省是半夏的主要产区，在衢州、桐庐等地种植。目前，全省种植面积约 3 000 亩。一般亩产鲜品 200~300 千克，干制后成品 100~150 千克。

●产地要求

半夏为浅根系植物，喜温暖、湿润气候，怕炎热，忌高温，畏强光，耐阴，耐寒。应选择土层深厚，前茬为豆科或禾本科作物，无杂草滋生，排灌良好，富含有机质的沙壤土种植为宜。黏土、盐碱地、低洼积水地不宜种植。

●技术要点

（1）种植。以块茎繁殖为主，选择无机械损伤、无病斑、直径 0.5~1.0 厘米的块茎作种，每亩用种量 125 千克左右。浙西地区春、秋季均可进行播种，春季 2 月下旬至 3 月上旬前播种为好。在畦上按行距 15~20 厘米，开 6~8 厘米深的沟，将块茎播于沟中，株距 5 厘米左右，播后用腐熟农家细肥或土杂肥撒盖种子，后盖土与畦面平，有条件的可每亩泼施 1 500~2 000 千克稀释沼液。播种后畦面可用茅草、稻草覆盖1~2厘米，起到保持土壤湿润、防止杂草滋生的作用。

（2）管理。浙西地区半夏一般出苗生长两次，倒苗两次，有时因天气适合生长也可能出现3次。半夏生长期除施足基肥外，应确保一年追肥4次。第一次一般在4月上中旬苗出齐后进行，每亩泼施1∶3的稀释沼液1 000千克，三元复合肥25千克，促进半夏生长，中耕除草宜浅不宜深；第二次一般在5月上旬珠芽形成期进行，每亩施用有机肥或土杂肥1 000千克；第三次一般在8月中下旬半夏出苗前，可用1∶10稀沼液泼洒，促进半夏生根萌发新芽；第四次一般在9月20日左右，半夏基本全苗时，可每亩施三元复合肥25千克，或每亩施用过磷酸钙20千克、尿素10千克、腐熟菜籽饼肥30千克撒施。应及时做好排灌水。同时做好块茎腐烂病、叶斑病、病毒病、红天鹅等病虫害的防治。

（3）采收与初加工。一般在半夏倒苗后，选晴好天气采挖，上半年采挖利于无烘干设备农户快速晒干。上半年采挖时间一般在6月上旬，即农历芒种至夏至期间采挖。下半年采挖时间一般在11月上旬，即农历立冬左右。人工采挖时，应选用两齿小锄头进行采挖，避免采挖过程中半夏大量破损。半夏采挖后应避免暴晒，洗净后装入麻袋揉搓去皮或机械去皮，尽快晾晒干或低温烘干。

● **性状要求**

半夏成品呈类球形，有的稍偏斜，直径1.0~1.5厘米。表面白色或浅黄色，顶端有凹陷的茎痕，周围密布麻点状根痕；下面钝圆，较光滑。质坚实，断面洁白，富粉性。气微，味辛辣、麻舌而刺喉。

◇ 重 楼

●科属及性味功能

重楼为百合科植物云南重楼或七叶一枝花的干燥根茎。其味苦，性微寒；有小毒。归肝经，有清热解毒、消肿止痛、凉肝定惊之功效，主治疗疮痈肿、咽喉肿痛、蛇虫咬伤、跌扑伤痛、惊风抽搐等症。

●产业基本情况

浙江省是重楼传统道地主产区，主产于浙西南山区的淳安、桐庐、临安、遂昌、庆元等地，主要在天目山和百山祖等林下套种。目前全省种植面积3 640亩，可产150吨干品，产值可达1.5亿元。

●产地要求

喜斜射或散射光，忌强光直射。宜选海拔700~1 100米，地势平坦、灌溉方便、排水良好、有机质含量较高、疏松肥沃的沙质黑壤土或红壤土，土壤耕层厚度为30~40厘米，忌连作。清除地块中的杂质、残渣，并用无烟草木灰处理。

●技术要点

（1）种植。选取10年生以上的重楼植株，10月当果实裂开后外种皮为深红色时采收种子，洗去外种皮备播，按宽120厘米、高25厘米、沟宽30厘米做苗床，床面上撒一层3~4厘米厚筛过的腐殖土，整平。按4厘米×4厘米点播，每穴一粒种子。每亩播种6~7千克，搭建遮阳棚，铺盖遮光率为70%的遮阳网。人工除草，做好追肥管护。在育苗地安装频振式杀虫灯诱杀害虫。出苗后第三年10月倒苗后起苗，做到边起、边选、边栽。3—4月，在阴天或午后阳光弱时进行，按株行距20厘米×20厘米，在畦面横向开沟，沟深4~6厘米，随挖随栽，注意要将顶芽芽尖向上放置，根系在沟内会展开，用开第二沟的土覆盖在前一沟。畦面要覆盖松针或腐殖土，厚度以不露土为宜。栽好后浇透定根水。

（2）管理。中耕除草宜浅锄，一般每年中耕3次，壤水分保持在30%~40%。多雨季节要及时排水。肥料以有机肥为主，辅以复合肥和各种微量元素肥料，在4、6、10月营养生长的旺盛期及挂果阶段施肥。2~3年生苗需光10%~20%，4~5年生苗需光30%左右，5年以后的苗需光40%~50%。做好茎腐病、立枯病、褐斑病、白霉病和黑斑病等防治工作。

（3）采收与初加工。以重楼种子栽培的7年、块茎种植的5年后采收块茎，秋季倒苗前后，11—12月至翌年3月前均可收获，把带顶芽部分切下留作种苗，采挖时尽量避免损伤根茎。抖落泥土，清水刷洗干净后，放晒场上晾晒干燥或烘干。在晾晒或烘干时要经常翻动，逐步搓、擦去须根。以粗壮、坚实、断面白、粉性足者为佳。

● **性状要求**

重楼干品呈结节状扁圆柱形，略弯曲，长5~12厘米，直径1.0~4.5厘米。表面黄棕色或灰棕色，外皮脱落处呈白色；密具层状突起的粗环纹，一面结节明显，结节上具椭圆形凹陷茎痕，另一面有疏生的须根或疣状须根痕。顶端具鳞叶和茎的残基。质坚实，断面平坦，白色至浅棕色，粉性或角质。气微，味微苦、麻。

□ 食凉茶

●科属及性味功能

食凉茶为蜡梅科蜡梅属植物柳叶蜡梅或浙江蜡梅的干燥叶。性凉,味微苦、辛。归肺、脾、胃经。具有祛风解表、清热解毒、理气健脾、消导止泻等功效,是药食同源植物,也是最常用畲药食凉茶的基原植物之一。

●产业基本情况

浙江省是柳叶蜡梅的传统道地主产区之一,主要分布于丽水市松阳、景宁、莲都及衢州市等地,全省种植面积1 000亩左右,总产量60吨。2014年4月,国家卫生和计划生育委员会批准柳叶蜡梅叶为新食品原料。目前开发有食凉茶珠茶、中药饮片、颗粒剂和超细粉等产品。

●产地要求

宜选择平地或坡度小于25°的向阳缓坡地,海拔低于800米。选择土层厚度40厘米以上,pH值5.5~6.5,排灌方便,肥沃湿润的泥灰岩土壤、沙质壤土或富含腐殖质的沙质黑壤土。

●技术要点

(1)种植。宜选用叶片较大较厚,节间较密的地方品种。插穗育苗,4—6月或10月选择生长健壮无病虫害的1年生枝条,剪成有1~2对叶的插穗,将插穗基部在浓度为2 000毫克/升的吲哚乙酸中速浸10秒,再按株行距10厘米×15厘米扦插到珍珠岩苗床上。扦插后立即覆盖遮光率70%的遮阳网，生根前每天喷水2次。新芽达30厘米以上即可出圃。坡度10°以下坡地种植的，全垦整地，坡度在10°以上的可开垦成水平带，每亩种植密度350株左右。3—4月或10—11月按株距1.1~1.3米，行距1.3~1.5米挖穴定植，每穴施入有机肥1~2千克，栽后浇足定根水。

（2）管理。栽种初期，适时排灌水，保持土壤湿润，栽后翌年3—4月，及时补苗。5月和11月各进行一次人工除草、结合中耕追肥2次，每次每亩施有机肥300千克。5月进行第一次修剪，留茬高度40厘米，11月进行第二次修剪，留茬高度20厘米，同时将病虫枝条、弱枝和过密的枝条剪除。食凉茶病虫为害少，注意做好白蚁防治。

（3）采收与初加工。4月下旬至5月采摘长度6厘米以内的一芽一叶或一芽二叶用于茶制品加工，茶制品加工要经过摊放、杀青、揉捻、做形、拣剔、干燥等工序，与绿茶加工工艺相似；7—10月采摘老叶用于食品、保健品和药材加工，需经去杂、抢水洗、切段、阴干或低温干燥等工序。

● 性状要求

食凉茶切段呈长短不一的段片状，纸质或微革质。多皱缩，展开后宽1.0~4.5厘米。叶基部分带有细小叶柄。表面灰绿色、黄绿色或浅棕绿色，先端钝尖或渐尖，基部楔形，全缘，两面粗糙，叶背具白粉，叶脉及叶柄被短毛。质脆、搓之易碎。气清香，味微苦而辛凉。

浙江蜡梅多卷曲，革质。展开后宽1.2~7.0厘米，两面光滑。有的叶背具白粉，无毛。质脆。气辛凉、微涩。

□ 葛 根

●科属及性味功能

葛根为豆科多年生落叶藤本植物，习称野葛。味甘、辛，性凉；归肺、胃经。具解肌退热、生津止渴、透疹、升阳止泻功效，主治表证发热、项背强痛、麻疹不透、热病口渴、阴虚消渴、热泻热痢、脾虚泄泻等症。

●产业基本情况

浙江省葛根主要分布在江山、常山的丘陵山区，种植面积1 600亩。葛根是药食两用品种，江山已建成日产40万听的葛根饮料产品生产线，已开发出葛饮品、野葛粉、葛粉丝、葛根酒等葛根健康产品。

●产地要求

对气候要求不严，适应性较强，喜欢阳光充足的环境。适宜生于海拔在150~3 000米的山坡草丛中或路旁及较阴湿的地方。种植宜选坡度25°以下的红壤或黄红壤山地、旱地，pH值6.0~7.0，有机质含量≥1.5%，土层较厚且排水好的沙壤地。

●技术要点

（1）种植。选择"浙葛1号"良种，枝节头饱满、根须健壮、无病虫害的种苗，苗长大于30厘米，横径大于0.8厘米。3月中下旬至4月上旬定植，畦宽1~2米，两穴间距1.5米，每亩挖300穴，每亩施600千克有机肥（农家肥），将葛苗与地面成30°斜栽入土。注意须将株苗茎节处的生长点露出土面。栽后将土壤压紧、压实，浇足定根水，做成高于地面 30 厘米的葛墩。

（2）管理。葛苗长到 3~4 轮葛叶时，要进行浅锄松土施肥。追肥根据土壤肥力、生育时期和生长状况而定，注意平衡施肥，可适当施用磷酸二氢钾和钾肥作叶面追肥。葛蔓长到 3 米左右时，结合锄草松土施用有机肥。在 6 月上旬前后，在锄草松土的过程中，进行牵藤压蔓。在田间管理中不施或少施含氮化肥，适量施磷、钾化肥，禁止使用除草剂。

（3）采收及初加工。葛根在田间生长 18 个月之后采收，采收月为 11 月至翌年的 3 月，要求块根完整，切除枝节头即可。采挖时，先扒开葛墩，把大的挖取，把小的留在地里让其继续生长。采回葛根洗净切成葛片或葛丁或水磨取淀粉，干燥后贮藏；贮藏期低于 2 年，控制含水量要低于 14%。置干燥处，防蛀。

● **性状要求**

粉葛呈圆柱形、类纺锤形或半圆柱形，长 12~15 厘米，直径 4~8 厘米；有的为纵切或斜切的厚片，大小不一。表面黄白色或淡棕色，未去外皮的呈灰棕色。体重，质硬，富粉性，横切面可见由纤维形成的浅棕色同心性环纹，纵切面可见由纤维形成的数条纵纹。气微，味微甜。

葛根呈纵切的长方形厚片或小方块，长 5~35 厘米，厚 0.5~1 厘米。外皮淡棕色，有纵皱纹，粗糙。切面黄白色，纹理不明显。质韧，纤维性强。气微，味微甜。

□ 厚 朴

● 科属及性味功能

厚朴为木兰科木兰属的多年生植物，其干燥树皮、根皮、枝皮为常用中药，干燥花蕾也入药。归脾、胃、大肠经，味辛、性温，具有行气化湿、温中止痛、降逆平喘的功效。主治湿滞伤中，脘痞吐泻，食积气滞，腹胀便秘，痰饮喘咳等症。

● 产业基本情况

浙江产厚朴主要为凹叶厚朴，主要分布在浙中南的庆元、龙泉、景宁、云和、泰顺、文成、磐安等地，丽水市厚朴总面积 11.5 万亩，其中景宁县 6.05 万亩。

● 产地要求

喜温和湿润气候，怕炎热，能耐寒。幼苗阶段喜半阴半阳环境，成年树则喜阳光充足。在海拔 600~1 000 米都可种植，但为了速生丰产，要求选择光照好，湿度大，土质疏松，深厚，富含有机质，中性至微酸性的环境条件。

● 技术要点

（1）种植。9—11 月果实成熟时采收种子，浸种 48 小时后，用沙搓去种子表面的蜡质层，条播或撒播，每亩用种 15~20 千克，一般 3—4 月出苗，剪除萌蘖。1~2 年后当苗高 30~50 厘米时移栽；扦插繁殖，2 月选径粗 1 厘米左右的 1~2 年生枝条，剪成长约 20 厘米的插条，插于苗床中，苗期管理同种子繁殖。12 月至翌年 3 月前种植，穴深 40 厘米，50 厘米见方，树根入土 10~15 厘米。每亩种植密度 200 株左右。

（2）管理。齐苗后或移栽成活后，应注意割除杂草。每年春季追肥一次，每亩追施尿素20千克、磷钾肥50千克。每年5—6月和8—9月，中耕除草1次，并在基部除去萌蘖小枝和培土。15年以上的树，可于春季用利刃将树皮斜割3刀，深达木质部，可增加皮厚，提高产量。

（3）采收与初加工。种植15年以上可以剥皮，5—7月在近地60厘米处环锯树皮，从地面顺根向下挖3~6厘米，再环锯一圈。然后伐倒树木，量40厘米或80厘米长度环切一圈至木质部，在两环之间顺树干直切一刀，用小刀挑开皮口，用手将皮剥下，按上法一段段剥完主干，接着剥大枝。剥下的鲜皮放密闭的室内层叠整齐堆积沤制5~7天，使其"发汗"变软，取出晒至汗滴收净，进行卷筒，大张的皮两人面对面卷成双筒，小张的1人卷成单筒用竹叶捆扎后，再堆沤1~2天，使油性蒸发，再放通风处交叉堆码、风吹干。

● 性状要求

厚朴干皮呈卷筒状或双卷筒状，称"筒朴"；近根部干皮一端展开如喇叭口，称"靴筒朴"。外表面灰棕色或灰褐色，粗糙，有时呈鳞片状，易剥落，有明显椭圆形皮孔和纵皱纹，刮去粗皮显黄棕色。内表面紫棕色或深紫褐色，较平滑，具细密纵纹，划之显油痕。质坚硬，不易折断，断面颗粒性，外层灰棕色，内层紫褐色或棕色。气香，味辛辣、微苦。

根皮（根朴）呈单筒状或不规则块片；有的弯曲似鸡肠，习称"鸡肠朴"。质硬，较易折断，断面纤维性。

枝皮（枝朴）呈单筒状，长10~20厘米，厚0.1~0.2厘米。质脆，易折断，断面纤维性。

□ 莲子（处州白莲）

●科属及性味功能

莲子为睡莲科睡莲属的多年生草本植物。味甘、涩，归心、脾、肾经，以干燥成熟种子入药。具有补脾止泻、止带、益肾涩精、养心安神的功效，主治脾虚泄泻、带下、遗精、心悸失眠等症。

●产业基本情况

处州白莲有1 400多年种植历史。处州白莲具有粒圆、饱满、色白、肉绵、味甘五大特点，曾被列为贡品，处州白莲被列入浙江省首批农作物种质资源保护名录，处州白莲获国家地理标志证明商标。种植面积4 935亩，主要分布在莲都老竹、富岭、丽新等地，年产干品209.17吨，产值1 861.03万元。

●产地要求

宜选择交通便利，水源、光照充足，排灌方便，土层深厚，肥力中上，pH值6~7，有机质含量3%以上，富含磷、钾、钙的紫泥田。同时连片种植时宜考虑和观光旅游相结合。

●技术要点

（1）种植。选用优质高产、抗病性强的良种，藕种选择粗壮、节间短、顶芽完整、无病斑、无损伤、具有3个节以上的主藕作种藕，做好种藕消毒。种前20天深翻入土，耕、耙、整平，重施有机肥。4月初栽种，挖穴15~20厘米，将藕种斜放穴中，顶芽朝下覆土，尾部露出水面，以防灌水烂藕，栽后及时检查是否有浮苗，并及时补救，力争全苗。每亩栽120~150支健壮种藕为宜。

（2）管理。1个月、2个月后中耕2次，勿翻藕种旁边的泥土；5月上旬适施苗肥，每亩施复合肥10千克；6月上旬重施蕾肥，每亩施复合肥20千克、尿素8千克、钾肥5千克；栽后1个月内灌水15厘米保温，后灌5~8厘米浅水，促芽萌发和立叶生长，7月后不能断水，利于结实。管水原则为"浅水长苗，深水开花结实，浅水结藕越冬"。合理轮作，水旱轮作减少病害发生。

（3）采收与初加工。宜在7月上旬至10月中旬采收，当莲蓬约八成熟，莲子与莲蓬孔格稍分离时采摘。当天采摘后将莲子从莲蓬孔格内剥出，用手工或机械剥净果皮和种皮。用与莲芯同粗的竹签或铁丝捅去莲子中间的莲芯；用干净的饮用水洗净残余莲膜、胚芽等粘黏物。莲子清洗后宜沥水10~20分钟；当天采的莲子要当天干燥。将清洗沥干后的莲子置于莲筛内，单层摆放于薪柴炭火炉或电烘箱上烘烤。初烤温度宜为80~90℃；烘烤至莲子发软时，转入稳烤，烘烤温度为40~50℃。烘烤期间应常翻动莲子。将烘干后的莲子冷却30~60分钟，及时分装。

●性状要求

莲子略呈椭圆形或类球形，长1.2~1.8厘米，直径0.8~1.4厘米。表面浅黄棕色至红棕色，有细纵纹和较宽的脉纹。一端中心呈乳头状突起，深棕色，多有裂口，其周边略下陷。质硬，种皮薄，不易剥离。子叶2，黄白色，肥厚，中有空隙，具绿色莲子心。气微，味甘、微涩；莲子心味苦。

□ 青钱柳

●科属及性味功能

青钱柳系胡桃科青钱柳属多年生木本植物。树皮、叶、根有杀虫止痒、消炎止痛祛风之功效。医学研究发现，青钱柳芽叶含有一条神奇的原生态降糖因子链，能够有效全面的调节人体糖代谢。因其有药理作用，能明显降低血糖、减脂肪和尿糖，中医临床用于治疗糖尿病。

●产业基本情况

青钱柳为常用中药材，主产于遂昌县，景宁、文成、衢州等地也有种植。全省种植面积在 4 000 多亩，总产量 230 吨，开发有青钱柳茶等产品。青钱柳被誉为植物界的大熊猫，医学界的第三棵树。

●产地要求

喜光，幼苗稍耐阴；要求深厚、喜风化岩湿润土质；耐旱，萌芽力强，生长中速。宜选择生态环境良好，无污染，海拔 500 米以上，土壤透气性好的地方作为园地。

●技术要点

（1）种植。10月，果实由青转黄时采摘，去翅、混沙贮藏。冬播或春播，种子外壳坚硬，播种前需用温水浸种 2~3 天，每千克种子 5 600 粒左右，每亩播种约 10 千克，采用扦插法较为普遍。11月底至翌年 3 月中旬种植，选用二年生或一年生以上充分木质化苗木，根系发达，健壮，无病虫害苗，将枝叶修剪干净，主干保留 25~30 厘米，刀口用蜡或树胶涂抹封口，用 200~500 毫克/升的生根粉溶液浸根 30 分钟左右。株行距宜 1.5 米 ×1.5 米，穴宽 50 厘米 ×50 厘米，穴深 50~60 厘米，上下两行错位呈"品"字形挖穴。每穴深施充分腐熟有机肥 25~30 千克，有机肥表面宜覆盖表土 10 厘米以上，树苗与土壤要紧实，然后在树苗周围做成馒头状高墩。

（2）管理。前五年幼林期，做好补植、除杂草、扩穴松土、施肥等工作。种植初期，每 3~5 天浇水一次，保持穴周围土壤湿润，不积水。种植 1 个月后，发现枯苗、缺苗，宜在种植季节及时补苗。肥料以充分腐熟有机肥为主，结合扩穴松土根施有机肥。叶用青钱柳每年休眠期进行 1 次修剪，株高宜控制在 2 米以内，主干高 1.5 米左右，便于人工采叶。青钱柳病虫害少见，有蜡蝉等害虫，应贯彻预防为主原则，农业防治、物理防治、生物防治为主。

（3）采收与初加工。选择晴天露水干后采收青钱柳叶。3 月采收嫩芽，3~5 厘米；4 月采收鲜叶，6~8 厘米；5 月采收鲜叶，10~15 厘米；6—9 月底采收老叶。工艺流程：鲜叶整理→摊青→杀青→摊晾回潮→揉捻→解块分筛→（烘）炒二青→摊晾回潮→复炒→烘干（足干）。采收后，应及时摊晾，散发热量防止鲜叶变质。因不同时期采收的叶子木质化程度不同，工艺流程中杀青、炒二青、复炒等温度、时间有所不同。

□ 益母草

●科属及性味功能

益母草为唇形科益母草属草本植物。味苦、辛，性微寒。归肝、心包、膀胱经。具有活血调经、利尿消肿、清热解毒的功效。主治月经不调、痛经经闭、恶露不尽、水肿尿少、疮疡毒等症。

●产业基本情况

浙江省益母草主要分布在义乌、莲都、诸暨等地，种植面积1510亩，单季每亩鲜品产量1200~1500千克，总产量3560吨，以制药企业订单生产为主，浙江大德药业生产鲜益母草胶囊，年销售额2亿多元。

●产地要求

喜温暖、湿润气候，喜阳光，对土壤要求不严，一般土壤和荒山坡地均可种植，以较肥沃的土壤为佳，需要充足水分条件，但不宜积水，怕涝，以向阳处为好。

●技术要点

（1）种植。选用"浙益1号"良种。在春秋两季以直播方式播种，播种前，种子可用草木灰及腐熟有机肥拌种。穴播每亩用种量400~450克，按穴行距各约25厘米开穴，穴直径10厘米左右，深3~7厘米；条播每亩用种量500~600克，在畦内开横沟，沟心距约25厘米，播幅10厘米左右，深4~7厘米。播种后，不必盖土。

（2）管理。苗高5厘米左右开始间苗，以后陆续进行2~3

次，当苗高15~20厘米时定苗。条播的采取错株留苗，株距在10厘米左右；穴播的每穴留苗2~3株。间苗时发现缺苗，要及时补苗。春播的，中耕除草3次，分别在苗高5厘米、15厘米、30厘米左右时进行；秋播的，在当年以幼苗长出3~4片真叶时进行第一次中耕除草，第二年再中耕除草3次，方法与春播相同。注意保护幼苗。每次中耕除草后，要追肥1次，以施氮肥为佳，追肥时要注意浇水，切忌肥料过浓，以免伤苗。雨季应注意适时排水，注意白粉病和软腐病防治。

（3）采收与初加工。鲜品春季幼苗期至初夏花前期采割；干品夏季茎叶茂盛、花未开或初开时采割，晒干，或切段晒干。

●性状要求

益母草干品茎表面灰绿色或黄绿色；体轻，质韧，断面中部有髓。叶片灰绿色，多皱缩破碎，易脱落。轮伞花序腋生，小花淡紫色，花萼筒状，花冠二唇形。切段者长约2厘米。鲜品也可以使用。

□ 吴茱萸

● 科属及性味功能

吴茱萸为芸香科吴茱萸属多年生木本植物。味辛、苦，性热；有小毒。归肝、脾、胃、肾经。具有散寒止痛、降逆止呕、助阳止泻的功效。用于治疗肝胃虚寒、阴浊上逆所致的头痛或胃脘疼痛等症。

● 产业基本情况

吴茱萸主产于建德、淳安、缙云、平阳等地。全省种植面积4 000亩，投产后每亩产量300千克左右，总产量216吨。浙江传统生产以小花品种为主，近几年从湖南等地引种中花品种，会受梅雨季影响，造成落果现象。

● 产地要求

宜选择阳光充足，温和湿润，土质疏松，排水良好，耕作土层深度大于30厘米，pH 值 6.0~7.0 的微酸性沙质壤土为宜。可选择疏松的坡地、疏林下或林缘旷地，海拔一般不超过 1 000 米。

● 技术要点

（1）种植。宜选用本省小花品种，慎用中花品种。早春萌发前移栽定植，每亩种植110株左右。底肥施腐熟有机肥10千克、钙镁磷肥0.5千克拌25千克土混匀。一般扦插苗在定植后第四年即可挂果。

（2）管理。在当年5月、翌年发芽前，定期对幼龄期吴茱萸进行修剪，成矮干低冠、外圆内空、树冠开展、通风透光的丰产树,修剪后及时施肥。进入盛果期后,保留粗壮、芽苞饱满的枝条,剪除过密枝、重叠枝、徒长枝和病虫枝。及时中耕除草,中耕深度5~10厘米;冬季在离根茎40厘米处开挖宽20厘米,深30厘米环形沟,每年依次向外扩展,每株施入腐熟有机肥10~15千克,草木灰1~2千克和钙镁磷肥0.5~1.0千克。及时清除病枝、病叶及有虫枝叶。用灯光诱杀土蚕和金龟子成虫,用黄板诱杀蚜虫。整地时,人工捕杀暴露的土蚕和蛴螬,在土蚕为害高峰期的清晨进行田间人工捕杀。

(3)采收与初加工。在6—9月,当吴茱萸植株上的果实饱满并呈青绿转为黄绿色,心皮尚未分离时即可采收。宜在晴天采摘,采摘时应将果穗成串剪下,严防折断果枝及过分振动植株。采收后,应立即摊在网筛或竹席上晾晒,晚上收回须晾开,切勿堆积发酵,连晒5~8天,则可全干。若遇雨天,可加热烘干。晒干或烘干时,温度不得超过60℃,并经常翻动,使之干燥一致。干燥后直接用手或木棒等搓揉敲打下果实,用网筛筛去枝叶、果柄等杂质。

●性状要求

吴茱萸成品呈球形或略呈五角状扁球形,直径2~5毫米。表面暗黄绿色至褐色,粗糙,有多数点状突起或凹下的油点。顶端有五角星状的裂隙,基部残留被有黄色茸毛的果梗。质硬而脆,横切面可见子房5室,每室有淡黄色种子1粒。气芳香浓郁,味辛辣而苦。

□ 菊 米

● 科属及性味功能

菊米为菊科植物甘菊。性微寒，味苦、辛。归肝、心经。具有清热解毒的功效。主治疔疮、目赤肿痛、头痛眩晕等症。

● 产业基本情况

浙江是菊米的主产区，主产于遂昌、龙游等地。遂昌县被命名为"中国菊米之乡"，全省现有种植面积7 000亩，每亩产量40~80千克，年产量280余吨。"遂昌菊米"获国家农产品地理标志保护产品。

● 产地要求

喜温暖干燥的环境，耐寒，不耐涝，土壤过湿易发病，耐瘠薄。一般排水良好的农田均可栽培，以地势高燥、肥沃疏松、排灌水良好的壤土、沙壤土为好。坡度大于25°的山地也可种植，最好具备排灌水条件。

● 技术要点

（1）种植。宜选用花多、花朵较大、整齐、花梗稍长花期集中，且叶片和茎秆茸毛少的当地农家种，提倡使用脱毒健康种苗。种植方式可采用扦插育苗移栽或大田直接扦插种植。3月，做好种苗繁育的母本株追肥培育，4月中下旬扦插，插穗长8~10厘米，扦插株距5~10厘米，行距10~15厘米，扦插后浇透水。大田直接扦插栽培宜在4月中旬至5月上旬；育苗移栽的宜在5月下旬前移栽完毕。每亩5万~6万株，畦宽1.2~1.5米，每畦中间种植一行，株距40~55厘米，每穴 2~3 株苗；土壤贫瘠、易旱、有机质含量低的种植地宜适当密植，株距 25~40 厘米，每穴 3~4 株苗。移栽和直栽时间宜选择雨后阴天或晴天傍晚进行，栽后浇定根水。

（2）管理。生长期间要进行 3~4 次修剪，以控制苗高，促进分枝，第一次在菊苗高约 20 厘米时，离畦面 15 厘米处打顶，超过 35 厘米时，在离畦面 30 厘米处修剪，高 55 厘米时，在离畦面 50 厘米处进行第三次修剪。每次修剪有意识剪成弧形面，可以增加采摘幅的面积。在 8 月中旬进行最后 1 次轻修剪。缓苗后每亩浇施腐熟人粪尿 100~150 千克对水，后每隔 25 天左右结合修剪除草施 1 次追肥，每次可用复合肥 10~15 千克。菊米现蕾期需要大量水分，要及时灌跑马水。

（3）采收与初加工。10 月中下旬至 11 月上旬，适时采摘，选择晴天露水干后采收含苞未放花蕾，不采露水菊米和雨水菊米，采后筛去枝叶杂质，摊凉 3~5 小时，经 120℃ 左右杀青 5~8 分钟，出料后再摊凉 1 小时左右，95℃ 左右烘干 2.0~2.5 小时，烘至六至七成干时再摊凉 2 小时以上，再经 70~80℃ 复烘 1.0~1.5 小时，含水量小于 11% 时即可。

● 性状要求

菊米呈类球形，直径 0.3~1.0 厘米，棕黄色至灰绿色。总苞由 3~5 层苞片组成，苞片外面中部微颗粒状；外层苞片卵形或条形，外表面中部灰绿色或淡棕色，被短柔毛，边缘膜质；内层苞片长椭圆形，膜质，外表面无毛。有的残留具毛总花梗。舌状花 1 轮，黄色至棕黄色，皱缩卷曲；管状花多数，深黄色。体轻。气芳香，味微苦而有清凉感。热水浸泡液味甘而不苦。

□ 灰树花

● 科属及性味功能

灰树花为多孔菌科树花菌属大型真菌（贝叶多孔菌），是食药兼用蕈菌，叶甘、性平。具有益气健脾、补虚扶正的功效。主治脾虚引起的体倦乏力，神疲懒言，饮食减少，食后腹胀及肿瘤患者放化疗后有上述症状者。

● 产业基本情况

浙江庆元是全国灰树花的主产区，目前年栽培量稳定在1 800万袋左右，鲜品产量近万吨。主要集中在庆元黄田镇、岭头乡。"庆元灰树花"获国家农产品地理标志保护产品。以灰树花多糖为主要成分的中药"保力生胶囊"是国药准字号产品。

● 产地要求

宜选择海拔500~1 000米，通风良好、水源清洁、排灌方便的栽培场所。菌种保藏室、接种室、菌袋培养室应进行严格消毒，出菇场地要保持清洁卫生。老菇棚要进行翻新重建，实行稻菇水旱轮作可以极大降低病虫密度指数。杜绝使用掺假伪劣原材料，严禁使用有毒、有害物质的原材料，选用优质、纯度高的，没有掺假的石膏粉。

● 技术要点

（1）接种。菌种选择"庆灰151"和"庆灰152"。做好配拌料、装袋、灭菌、接种等环节，春季2月中旬至3月中旬接种，秋季7月中旬至下旬接种，用接种打孔棒均匀地打3个接种穴，直径1.5厘米左右，深2~2.5厘米，打1个穴，接种 1 穴。

（2）培菌管理。菌丝生长最适温度为 20~25℃，木屑培养基的含水率应控制在 60%~63%，菌丝生长阶段培养室空气相对湿度 60%~65%；根据菌丝生长和菌棒内的变化情况，做好控温、翻堆及发菌检查、通风降温等工作。子实体原基形成与发育生长空气相对湿度 85%~95%，子实体的适宜生长温度 15~20℃。选择菌丝生长浓密之处割口，用锋利的小刀片割两刀，长分别为 1.5 厘米，形成 1 个 "V" 形状，刮去割口处的菌皮及少许培养料，深 2~3 毫米。每棒均匀割口 1~3 个，割口朝侧，平行排放于地面或层架上。温度 20℃ 以上时应加强通风降温，也可喷雾状水等措施降温。整个出菇阶段均要求空气相对湿度在 80% 以上。覆土后保持土壤湿润松散、空气新鲜，土壤偏干需喷水。一般经 30~45 天的培养即能形成原基，灰白色的小菇蕾会长出地面，成团如蜂窝状，分泌黄色小水珠。此时空气相对湿度应增至 85%~90%。

（3）采收与初加工。当子实体达到八分成熟时就应采收。采收时用刀从子实体基部割下即可，灰树花脆嫩易碎，应小心摆放。采收后的灰树花可采取干制、盐渍、制罐等进行加工销售。

● 性状要求

灰树花子实体覆瓦状丛生，近无柄或有柄，柄可多次分枝。菌盖扇形或匙形，宽 2~7 厘米，厚 1~2 毫米。表面灰色至灰褐色，初有短茸毛，后渐变光滑；孔面白色至淡黄色，密生延生的菌管，管口多角形，平均每平方毫米 1~3 个。体轻，质脆，断面类白色，不平坦。气腥，味微甘。

□ 六神曲

●科属及性味功能

六神曲为复合酶类制剂，成品为扁平的小方块，表面粗糙，有灰黄色至灰棕色菌落的斑纹，偶见菌丝。质坚实，断面粗糙。气特异，味淡。性温，味甘、辛。归脾经、胃经。具有健脾和胃、消食调中的功能。

●产业基本情况

浙江省是六神曲道地主产区，主产于桐庐等地。六神曲的原材料（鲜青蒿、鲜苍耳、鲜辣蓼、杏、赤小豆）均来自桐庐本地规范化种植，种植基地严格按照三无一全的标准进行管理，2019年桐君堂六神曲被评为"浙产名药"。

●产地要求

对三鲜的榨汁要求特别严格，进行液压式压榨取汁，最大程度的保留鲜汁的原味，须建洁净的、符合GMP生产标准的发酵车间。

●技术要点

（1）选种。选择来自规范化种植基地，按照三无一全标准进行管理的鲜苍耳草、鲜青蒿、鲜辣蓼、赤小豆、杏以及专业厂家的面粉和麸皮以及精选的菌种。

（2）比例。原料及比例是：麦粉、麸皮、赤豆、杏仁为100：100：90：90；鲜青蒿、鲜苍耳草、鲜辣蓼各为100，捣烂，加水适量，压榨取汁。

（3）管理。采用特有的温控技艺，严格控制温、湿度，发酵过程充足。选取"黄皮"披身、发酵透彻、炮制彻底、有特异曲香的成品。

● **性状要求**

六神曲为扁平的方块。表面粗糙，有灰黄色至灰棕色菌落的斑纹。质坚硬，断面粗糙。气特异，味淡。

□ 猴头菇

● 科属及性味功能

猴头菇为猴头菌科猴头菇属的大型真菌，是食、药兼用蕈菌。味甘、性平。归脾、胃经，具健脾和胃、益气安神功效。主治消化不良、神经衰弱、身体虚弱、胃溃疡等症。

● 产业基本情况

猴头菇主产于衢州市常山县，"常山猴头菇"获国家农产品地理标志保护产品，种植规模约 750 万袋，鲜品产量约 4 500 吨，产业产值约 4 500 万元。

● 产地要求

宜选择通风良好、水源清洁、排灌方便的栽培场所，培养室应洁净、通风、控温、遮光。不应在非适宜区种植。培养室和出菇场地使用前应认真清理，严格消毒和杀虫。菌种应从具有菌种生产经营许可证的供种单位引进，严格按菌种生产标准扩繁和生产，建立菌种生产档案和销售档案。

● 技术要点

（1）种植。菌种选取经过审定或鉴定确认，并适合当地气候条件的高产优质、抗逆性强、商品性好的良种。培养料含水量60%，pH值5~6。装袋后，立即入锅进行常压灭菌，当料内温度达到100℃后，保持恒温15~20小时。将灭菌后的料袋移至消过毒的接种室预冷，待袋子的温度降至30℃时，即可在消过毒的接种箱、超净工作台或无菌车间接种。一般1瓶500毫升菌种可转接10~20袋，每袋接种3~4穴，接种后采用专用透气胶布封口,之后转入发菌室或就地按"井"字形堆叠。菌丝培养温度掌握在20~25℃范围内,空气相对湿度在60%~65%,避光黑暗培养,注意通风换气,随时清除污染袋。

（2）管理。层架长、宽、层数及层间距、架间距60~70厘米,出菇棚(房)门、窗、通风口用40~60目的防虫网罩护;采用长袋侧面出菇法,应将接种口透气胶布与老菌种块去除,穴孔向下放置,菌袋现蕾后,出菇房的温度应控制在15~20℃,空气相对湿度应保持在85%~90%,光照强度应控制在200~500勒克斯。每天定时打开通风口换气,一天换气3~4次,每次30分钟左右;采收完1潮菇,清理干净袋口料面的子实体基部、老化的菌丝和有虫卵的部分,停水养菌3~5天后,再喷水增湿,一般可收3~4潮菇。悬挂黄板诱杀菌蝇、菌蚊;糖醋液加杀虫液诱杀螨虫、蛞蝓;安装杀虫灯诱杀害虫。

（3）采收与初加工。猴头菇现蕾后10~12天,当子实体七八分成熟,球块已基本长大,菌刺长到0.5~1.0厘米,尚未大量释放孢子时为采收最佳期。采收时用小刀齐袋口切下,或用手轻轻旋下,并避免碰伤菌刺。若当子实体的菌刺长到1厘米以上时采收,则味苦,风味差。猴头菇子实体采收后2小时内应送加工点加工,以防发热变质。

● 性状要求

猴头菇切片为类圆形或不规则形厚片,直径2~6厘米。表面为软刺状,棕黄色至浅褐色。切面平坦,类白色,部分具裂隙。质轻而软。气微香,味淡或微苦。

□桑 黄

●科属及性味功能

桑黄为锈革孔菌科桑黄孔菌属。味微苦，性寒。归肝、肾经。具活血、止血、化饮、止泻等功效，主治血崩、血淋、脱肛泻血、带下、经闭、症瘕积聚、癖饮、脾虚泄泻等症。

●产业基本情况

浙江是野生桑树桑黄的主产区之一，目前人工栽培的有淳安、桐庐、海宁、开化等地，全省栽培面积在220万袋左右，每亩产量80~100千克（干品）。淳安"淳桑黄"正在申请地理标志证明商标。

●产地要求

养菌室应洁净、控温、遮光。出菇大棚宜选择通风良好、光线充足、水源清洁、排灌方便的栽培场所。大棚场地使用前应认真清理，严格消毒和杀虫。林下仿野生栽培应选择在远离污染源、无病虫源的林地，林地土壤类型为沙质壤、黄壤、黄棕壤、紫色土等，土壤腐殖质层厚度在10~20厘米，土壤pH值在5~8，海拔在1 000米以下，林地坡度在45°内为宜。桑黄生产全过程推行"二维码"追溯管理。

●技术要点

（1）接种。菌种经过鉴定或认定，选适合当地气候条件的高产、优质、抗逆性强的良种，如浙黄1号。以桑枝木屑为主要栽培原料（桑枝木屑78%、麸皮15%），采用袋栽方式，培养料装袋后，常压灭菌，在100℃下灭菌20~24小时。

以 3 月中旬至 7 月中旬，或 10 月下旬接种为宜，发菌时间 50~60 天，培养室温度 22~30℃。

（2）管理。整畦，畦上泥土预先深翻打细，畦面撒石灰粉消毒。养菌室内完全发菌完成的桑黄菌包，可以下地排放，每亩排放 8 000 包左右。出菇场地温度保持在 25~30℃，空气相对湿度保持 80%~90%；及时通风，控制栽培环境空气中二氧化碳浓度低于 0.1%，棚内光照强度保持在七分阴三分阳；下地排放 7~10 天，就可以给菌袋割口，准备出菇，为确保长出的桑黄子实体不会太小，每个菌包开口 1~2 个。出菇场地安装防虫网、纱门等隔离措施，防止外部害虫进入。

（3）采收与初加工。春夏季栽培的子实体于 7 月中下旬采收，秋冬季栽培的于 12 月中下旬采收，当桑黄子实体的下半个菌盖呈褐色，不再增大时，用手抠下整个子实体采收，采收后去除杂质，清洗，烘干。可使用专用烘干机，温度控制在 45~65℃，控制含水量 12% 以下，用两层食品级塑料袋包装，扎紧袋口，外加纸箱或编织袋，冷藏，防止受潮变质。

第三章　浙产道地中药材规范化生产技术

本章主要介绍了浙江中药材生产中有关道地药园创建、良种繁育、健康种苗繁育、主要病虫害绿色防控、科学施肥和无烟草木灰生产等规范化生产技术，有利于在生产实践中推广应用。

道地药园创建规范

□ 基地规模适度、布局合理

示范基地根据不同药材种类与市场需求而定，具有一定的规模，相对集中连片种植，大宗药材在200亩以上，珍稀名贵药材基地生产规模可在50亩以上。应按照中药材道地性与中药材产地适宜性优化原则，合理选择与布局示范基地。

□ 环境质量良好

整体环境清洁，生产基地环境应当符合国家最新标准，并持续符合标准要求：空气符合国家《环境空气质量标准》二类区要求；土壤符合国家《土壤环境质量标准》的二级标准，并测定养分情况；灌溉水符合国家《农田灌溉水质标准》。有空气、水、土壤（基质）等产地环境检测报告。

□ 种源纯正，生产绿色

示范基地生产的药用植物，须经权威部门物种（包括亚种、变种或品种）鉴定，并符合传统道地药材与有关法定标准（如《中华人民共和国药典》2015年版等）规定要求，有物种鉴定证书或品种认定证书，纯正率达到100％。

　　肥料种类以有机肥为主，化学肥料有限度使用，农家肥须经充分腐熟达到无害化卫生标准；病虫害防治应遵循"预防为主、综合防治"原则，优先采用生物、物理、农业等绿色防控技术，不得使用禁限用农药。农资使用规范，农药化肥用量较面上平均减少 20％。

□ 管理科学规范

　　建立生产管理与质量管理体系，生产过程要有相应的生产技术标准操作规程和工艺流程图，实行生产全过程质量追溯管理制度。适时采收，绿色清洁加工，包装与储藏规范。

□ 生产药材优质，基地示范性好

　　药材外观性状、品质成分等应符合《中华人民共和国药典》（2015 年版）和《浙江省中药炮制规范》的规定要求。重金属和农药残留量等须符合中华人民共和国商务部《药用植物及制剂外经贸绿色行业标准》(ＷＭ／T2-2004) 的规定要求。附有药材质量检测报告。

　　药材道地性、品质及药效具有较高的认可度，产品品牌具有显著的优势，社会声誉良好，在三产融合发展有创新，带动当地农业结构调整和经济发展示范性强。

二   **中药材良种繁育生产技术**

　　中药材的良种繁育是中药材优质高产的基础条件。中药材良种需要满足3个主要特征，基原正确、品质优良兼顾产量、抗性好且适于道地产区发展。中药材品类繁多，浙江省可以人工栽培的中药材有100余种，不同中药材的基原植物生长特性差异较大，繁殖的方式方法也有所不同。

□ 种子繁育的药材

　　这一类药材植物以种子进行繁育，生产主要问题为种源容易混杂，应注意保持良种的纯度，其代表性药材有白术、前胡、薏苡、丹参、益母草、桔梗、白芷等。在良种繁育过程中注意优良种源的保护和隔离繁育，尽量保持道地产区良种繁育，不要随意外地引种。

　　种子繁育的药材良种多为专业单位繁育，如果需要自行繁育一般分为3个步骤：保种、育种、制种。保种：即隔离保留优良种源，远离主产区保种，确保与其他种源无杂交发生。育种：原种的优种筛选，在选择优质和高产品种时，应注意保持良种的抗病特性。制种：栽培过程中注意除杂，需要保证制种群体的营养供给，肥料和栽培技术以生产更多的优质种子为目的而不是生产药材为目的，前期壮苗、中期控肥、结实期使用种肥、采收期注意补充种肥，既不能贪青晚熟也不能长势羸弱，保证所得种子成熟饱满、发芽率高、生活力强，成熟期较长的植物可以对种子进行风选、筛选和色选，进一步提高种子质量。

□ 营养体繁育的药材

这一类药材的基原植物以扦插、压条、分株等形式进行繁育，其主要问题是容易发生大规模病害，在繁育的过程中需要注意种苗的免疫预防和提纯更新。这一类植物代表性的药材有杭白菊、白芍、玄参、杭麦冬、浙贝母、温郁金、延胡索、黄精、玉竹、覆盆子、三叶青、半夏、西红花、瓜蒌等。这类药材在产区自留种繁育后病害会加重，注意更换种源。如西红花和浙贝母可以异地繁种，引种前注意携带病菌的检疫，在引种的栽培前需要用广谱杀菌剂，50% 的多菌灵可湿性粉剂和 50% 的代森锰锌可湿性粉剂浸种后再进行产区驯化和生产。如白芍、瓜蒌、三叶青、黄精可以通过种子苗圃繁育和筛选进行良种更新，种子生产过程中注意良种的隔离保护。如多花黄精的种子不要与长梗黄精的种子混杂；如菊花和温郁金携带病毒或细菌难以剥离，可以选用组培复壮的苗进行种苗更新，更新种苗的扩繁过程宜远离主产区，注意控制虫害，防止昆虫传毒。

□ 木本多年生药材

这一类药材的生产周期长、种苗投入大，其基原植物优质种苗多以嫁接苗的形式繁育，其主要问题是基原的准确性和砧木苗的适应性。其代表性药材包括山茱萸、枳壳、佛手、梅花、木瓜等。此类药材需要注意幼苗期基原的鉴定，如果不是专业人士建议购买挂果开花的大苗。引种时做好病虫害的检疫。所选砧木应该适应当地气候，具有较好的抗性，芸香科的枳壳、佛手和陈皮多嫁接在相应的实生苗上，部分品种可以嫁接在枳上。所选砧木还应注意发育速度的匹配，一般砧木的生长势要强于嫁接枝条。

<table>
<tr><td>三</td><td>中药材健康种苗繁育生产技术</td></tr>
</table>

　　种子种苗是中药材生产的关键，俗话说"秧好一半禾，苗好七分收"。种苗的好坏直接关系到中药材的长势、产量和品质，生产调查表明，通过扦插、压条、分株、留块根（块茎、球茎、假鳞茎）等无性繁殖的药材，随着种植年限增加，病毒等病原菌积累逐渐严重，会造成品种退化和中药材质量整体下降，也直接影响到中药质量的稳定可控。

□ 种源选择

　　选择种源纯正、来源可控的良种。作为生产健康种苗的种源应通过浙江省非主要农作物品种审定（认定），符合《中国高等植物图谱》《中华人民共和国药典》《浙江省中药炮制规范》等特征特性要求，并经过资质单位和专家的鉴定。

□ 种苗生产基地调查

　　药材栽培过程中，通过种苗（种茎）会传播真菌、细菌、病毒、线虫等主要病害，通过田间生长情况调查，可判定病害的种类。如杭白菊的病毒病，病毒就可以随着扦插、压条等无性方式繁殖的种苗传递，而且病毒量会逐代增加，当病毒积累到一定含量，会严重影响药材的品质和产量。如温郁金的细菌性枯萎病，在种茎中检测到了大量病原菌，个别地区由于种茎的不健康，已经严重影响到了温郁金的生产。

□ 健康脱毒种苗培育

健康脱毒种苗根据培育代数一般可以分成原原种苗、原种苗和生产种苗。

1. 原原种苗生产

通过植物组织培养技术结合茎尖分生组织剥离、热处理、低温处理等脱毒技术获得，并经过电镜、分子生物学、免疫学等检测鉴定为已经脱除侵染该药材的主要病毒。利用组织培养技术开展脱毒健康种苗的无性快繁，茎段继代控制在5~8代，原球茎继代控制在4~6代，不定芽继代控制在3~5代，防种性退化。

鉴定为脱毒苗的种苗作为原原种，移栽于种苗圃里，进行植物特征、生长势等指标观察，对于一年生的药材要检测品质和产量。

2. 原种苗生产

在种源圃里要及时剔除生长势弱、形态特征不符合《中国高等植物图谱》的植株，确保长势健壮、遗传稳定一致的原原种苗繁育原种苗。原种苗的繁育方式按照药材的常规繁育方式进行。

3. 生产用苗

经过检测符合质量要求的原种苗繁育生产用苗，要及时剔除生长势弱、形态特征不符合《中国高等植物图谱》的植株，确保长势健壮、遗传稳定一致的原种苗繁育生产用苗。生产用苗的繁育方式按照药材的常规繁育方式进行。经检测符合质量要求的生产用苗方可用于生产。

移栽于具有防虫网的种苗繁育基地，可以有效阻断蚜虫类传播病毒，脱毒种苗可以生产繁育3~4年。

□ 注意事项

种苗繁育基地应用土壤消毒技术、防虫网防护等措施。原原种、原种繁育种源圃建议使用消毒基质，确保种苗健康。扦插类种苗繁育时，剪刀等工具要及时消毒。种苗繁育基地应远离马铃薯、甘薯、辣椒、豇豆等病毒易感染的蔬菜，确保有效防控蚜虫类传播病毒的侵染。

| 四 | 中药材主要病虫害绿色防控技术 |

□ "浙八味"病害

1. 白术白绢病

（1）发病症状。植株染病后，茎基和根茎出现黄褐色至褐色软腐，叶片黄化萎蔫，顶尖凋萎，下垂而枯死。根茎腐烂有两种症状：一种是在较低温度下，受害根茎仅存导管纤维，呈"乱麻状"干腐；另一种是在高温高湿下，蔓延较快，白色菌丝布满根茎，并溃烂成"烂薯"状湿腐。后期受害植株地上部分逐渐萎蔫死亡。

（2）防治方法。因地制宜地实行轮作，尽量避免重茬，且选择地势高燥、排水良好的沙壤土种植。采用无病种术或在白术栽种前用 25% 咪鲜胺可湿性粉剂 1 000 倍液，或 50% 扑海因可湿性粉剂 1 000 倍液浸种术 30~50 分钟，捞出后栽种。雨季及时开沟排水，避免土壤湿度过大。高温干旱季节，在傍晚阴凉时，在畦沟中灌溉适量的"跑马水"。提倡使用有机肥和配方施肥，增施磷、钾肥和含有中微量元素的微肥，确保白术健壮生长。发病初期，可用 25% 咪鲜胺可湿性粉剂 1 000 倍液，或 50% 扑海因可湿性粉剂 1 000 倍液，或 50% 腐霉利可湿性粉剂 1 000 倍液，或 98% 恶霉灵可湿性粉剂 1 000 倍液等喷雾防治。

2. 白术根腐病

（1）发病症状。白术根腐病为维管束系统性病害。白术受害后，病株细根首先呈黄褐色，随即变褐色而干瘪，以后蔓延到粗根和肉质根茎。病菌也可直接侵入主根，主根感染后，维管束变褐，继续向茎秆蔓延，使整个维管束系统发生褐色病变，呈现黑褐色下陷腐烂斑。后期根茎全部变海绵状黑褐色干腐，皮层和木质部脱离，仅残留木质纤维及碎屑。根茎发病后，养分运输受阻，地上部枝叶萎蔫。

（2）防治方法。因地制宜地实行轮作，尽量避免重茬，且选择地势高燥、排水良好的沙壤土种植。采用无病种术或在白术栽种前用 25% 咪鲜胺可湿性粉剂 1 000 倍液，或 50% 扑海因可湿性粉剂 1 000 倍液浸种术 30~50 分钟，捞出后栽种。雨季及时开沟排水，避免土壤湿度过大。高温干旱季节，在傍晚阴凉时，在畦沟中灌溉适量的"跑马水"。提倡使用有机肥和配方施肥，增施磷、钾肥和含有中微量元素的微肥，确保白术健壮生长。发病初期，可用 25% 咪鲜胺可湿性粉剂 1 000 倍液，或 50% 扑海因可湿性粉剂 1 000 倍液，或 50% 腐霉利可湿性粉剂 1 000 倍液，或 98% 恶霉灵可湿性粉剂 1 000 倍液等喷雾防治。

3. 芍药褐斑病

（1）发病症状。开始发病时，叶背出现 2~10 毫米大小不一的圆点，病斑中心渐成黄褐色，见数层同心轮纹，叶背病斑暗褐色，轮纹不明显。叶面病斑上散生细小的黑点，放大镜下呈绒毛状。一叶上可生 20~30 个病斑。可连成形状不规则的大型病斑。严重时叶片枯死。

（2）防治方法。随时摘除染病叶片，秋末清除叶片深埋或烧毁。发病期用80%代森锌可湿性粉剂500倍液，或50%代森锰锌可湿性粉剂500倍液，或用25%咪鲜胺可湿性粉剂1 000倍液，或50%扑海因可湿性粉剂1 000倍液喷雾。7天1次，连续2~3次。

4.浙贝母灰霉病

（1）发病症状。发病部位为叶片，亦为害茎、花、果等部位。发病初期叶片产生淡褐色，圆形、椭圆形至不规则形，边缘有水渍状晕圈，潮湿时生有灰色霉层，并迅速扩展连片，导致叶片枯萎下垂，天气干燥时，病斑中心浅灰色或微具轮纹，边缘紫褐色，后期病斑变薄，而脆裂。茎受害，病部变褐软腐折倒。花朵及幼果受害变浅褐色腐烂干枯，蒴果上也有褐色斑，这些病斑在潮湿时生灰霉层。有时枯死组织内可产生小颗粒状黑色菌核。

（2）防治方法。少施氮肥，多施有机肥及磷、钾肥。控制田间湿度，保持植株间通风透光。发病初期及时摘除病叶，并用42.8%氟菌·肟菌酯悬浮剂1 000~1 500倍液，或25%吡唑醚菌酯乳油1 000~1 500倍液，或75%苯醚甲环唑·咪鲜胺可湿性粉剂1 000~1 500倍液，或50%咪鲜胺锰盐可湿性粉剂800~1 000倍液，或50%多霉灵可湿性粉剂1 000~1 500倍液，或50%扑海因可湿性粉剂1 000~1 500倍液喷雾。7天1次，连续2~3次。

5.浙贝母枯萎病

（1）发病症状。主要为害浙贝母鳞茎。被害鳞茎的鳞片呈褐色皱褶状，鳞基部呈青褐色，有时鳞片腐烂成空洞。多发生在低洼水湿之地，弱苗小贝，茎叶枯黄，根须呈黄色腐烂。病菌存在于土壤中，也可通过带菌鳞茎进行远距离传病。病菌多从根系伤口、根毛、新老鳞茎转化时等侵入，到达维管束，在维管束内繁殖，堵塞导管，阻碍植株吸水吸肥，导致植株萎蔫枯死、鳞茎腐烂。适温高湿有利于病害发生。土温 20~28℃，土壤潮湿、偏酸、地下害虫多、土壤板结、土层浅，发病重。连荏年限愈多，施用未腐熟粪肥，或追肥不当烧根，植株生长衰弱，抗病力降低，病情加重。

（2）防治方法。选用抗(耐)病品种；切忌连作；进行鳞茎消毒；施用充分腐熟的土杂肥；清洁田园。常用药剂有 50% 异菌脲悬浮剂(扑海因)800~1 000 倍液，或 60% 多·霉威可湿性粉剂 500~700 倍液，或 15% 咪鲜胺微乳剂 1 000~1 500 倍液，或 10% 苯醚甲环唑可分散粒剂 1 500~2 000 倍液，或 32.5% 苯甲·嘧菌酯悬浮剂 1 500~2 000 倍液，或 50% 咪鲜胺锰锌可湿性粉剂 1 000~1 500 倍液喷雾。一般 7~10 天喷 1 次，视病情，连续喷洒 1~3 次。

6. 杭白菊叶斑病

（1）发病症状。番茄灰叶斑病菌只害叶片，发病初期叶面布满暗色圆形或不规则圆形小斑点，后沿叶脉向四周扩大，呈不规则形，中部渐褪为灰白至灰褐色。病斑稍凹陷，多较小，直径 3~8 毫米，极薄，后期易破裂、穿孔导致叶片破碎甚至脱落。

（2）防治方法。选用抗病品种的种子。加强田间管理，增施有机肥及磷钾肥。发病初期，可用 75% 苯醚甲环唑·咪鲜胺可湿性粉剂 1 000~1 500 倍液，或 50% 咪鲜胺锰盐可湿性粉剂 800~1 000 倍液，或 50% 多霉灵可湿性粉剂 1 000~1 500 倍液，或 50% 扑海因可湿性粉剂 1 000~1 500 倍液喷雾。为防止产生抗药性，提倡轮换交替或复配使用提高防效。每 7 天喷 1 次，连喷 2~3 次。

7. 元胡霜霉病

（1）发病症状。主要为害叶片。发病初期，叶面出现褐色小点或不规则的褐色病斑，略带黄色，病斑边缘不明显。随后病斑增多，不断扩大，布满全叶。在湿度较大时，病叶背面产生一层白色的霜状霉层，即病原菌的子实体。发病重的植株，叶片卷缩干枯，植株枯死。

（2）防治方法。合理轮作。选择排水良好的沙壤土和没有种过元胡的稻麦田或山地种植。元胡收获后，彻底清除田间病残组织，减少病菌基数。种栽消毒。可于播前用 25% 瑞毒霉可湿性粉剂 400 倍液浸渍种块茎 10~15 分钟，捞出晾干后播种。发病初期，可选用 25% 甲霜灵可湿性粉剂 800~1 000 倍液，或 64% 杀毒矾可湿性粉剂 800~1 000 倍液，或 58% 雷米多尔·锰锌可湿性粉剂 800~1 000 倍液，或 72% 霜脲氰·锰锌可湿性粉剂 800~1 000 倍液，或 50% 烯酰吗啉可湿性粉剂 1 500~2 000 倍液喷雾。每隔 10 天 1 次，连续防治 2~3 次。由于元胡对铜制剂敏感，易产生药害，因此在生产中建议禁用各类铜制剂。

8. 玄参褐斑病

（1）发病症状。该病害主要为害玄参的叶片，还可为害茎和花蕾。叶片感病后，多从靠近心叶的 2~3 张叶片开始发病，病斑初期呈水渍状淡黄小点；随着病斑的不断扩大，形成不规则形黄褐色斑块。发病后期，病斑连片，病叶卷缩，呈火烧状。

（2）防治方法。选用抗病品种。合理轮作。播种前可进行种子处理，使用50%多菌灵可湿性粉剂拌种，或75%苯醚甲环唑·咪鲜胺可湿性粉剂1 000~1 500倍液，或50%多霉灵可湿性粉剂1 000~1 500倍液，或50%扑海因可湿性粉剂1 000~1 500倍液喷雾。每7天喷1次，连喷2~3次。

9. 麦冬炭疽病

（1）发病症状。病斑中央为褪绿白色，边缘淡红色，在淡红色病斑边缘中还有褐色黑线1条。发病后期病斑处组织可能脱落，造成叶片自然边缘的凹形缺陷，整个叶片自患病处至病叶尖端提前褪绿成橘黄色。

（2）防治方法。防止植株栽植过密，及时疏叶透光。发病初期每隔7~10天叶面喷施75%苯醚甲环唑·咪鲜胺可湿性粉剂1 000~1 500倍液，或50%咪鲜胺锰盐可湿性粉剂800~1 000倍液，或50%多霉灵可湿性粉剂1 000~1 500倍液，或50%扑海因可湿性粉剂1 000~1 500倍液喷雾。每隔10天1次，连续防治2~3次。

10. 温郁金细菌性枯萎病

（1）发病症状。叶片色泽变淡，叶缘变黄，呈萎蔫状。该病致温郁金茎基部软腐从而造成植株枯死。

（2）防治方法。选用抗病品种（系）、选用无病种茎、轮作、开沟排水、控制氮肥、增施磷钾肥。土壤消毒。每亩可用60千克石灰氮处理土壤。种子消毒，可使用乙蒜素乳油

500倍液浸种茎。生长期用乙蒜素·土霉素600倍液浇灌温郁金喇叭口等措施。

□ 新"浙八味"病害

1. 铁皮石斛褐斑病

（1）发病症状。仅侵染铁皮石斛的叶片，叶片染病后病斑初呈褐色至黑褐色小点，后小点逐渐扩大至5~6毫米圆形或椭圆形病斑。病斑淡褐色至黑褐色，有时病健交界处常有一圈褐色晕圈，病斑中间凹陷。此病高温多湿季节易发生。

（2）防治方法。多施用有机肥，控制氮肥的使用。在发病初期及时喷药防治，可使用药剂有42.8%氟菌·肟菌酯悬浮剂1 000~1 500倍液，或25%嘧菌酯悬浮剂1 000~1 500倍液，或50%咪鲜胺锰盐可湿性粉剂1 000~1 500倍液，或25%吡唑醚菌酯乳油1 000~1 500倍液。7天喷药一次，连续喷药2~3次。上述药剂交替使用，以免产生抗药性。

2. 铁皮石斛灰霉病

（1）发病症状。主要侵染铁皮石斛的叶片及嫩茎。叶片染病后病斑初呈淡褐色至黑褐色的小点，后小点渐渐扩大，有时呈轮纹状，病斑与绿色叶片的病健交界处常有褐色至深褐色的晕圈；病斑呈圆形或椭圆形，淡褐色至黑褐色，中间凹陷，最大病斑可达铁皮石斛叶片的边缘。深秋、冬季和早春石斛发病后叶片常发黄、脱落或枯死。

（2）防治方法。多施用有机肥，控制氮肥的使用。控制生产环境的相对湿度。在灰霉病初期及时喷施农药防病。可使用药剂有42.8%氟菌·肟菌酯悬浮剂1 000~1 500倍液，或 50% 扑海因可湿性粉剂 1 000~1 500 倍液，或 25% 嘧菌酯悬浮剂 1 000~1 500 倍液，或 25% 吡唑醚菌酯乳油 1 000~1 500 倍液。7 天喷药一次，连续喷药 2~3 次。上述药剂交替使用，以免产生抗药性。

3. 衢枳壳（胡柚）黄龙病

（1）发病症状。全年都能发生，春、夏、秋树梢均可出现症状。新梢叶片有三种类型的黄化。即均匀黄化、斑驳黄化和缺素状黄化。幼年树和初期结果树春梢发病，新梢叶片转绿后开始褪绿，使全株新叶均匀黄化，夏、秋树梢发病则是新梢叶片在转绿过程中出现淡黄无光泽现象，逐渐均匀黄化。

（2）防治方法。严格检疫制度，杜绝病苗、病穗传入无病区和新种植区。培育无病苗木。防治柑橘木虱。及早挖除病树，坚持每次新梢转绿后全面检查黄龙病株，发现一株挖除一株，不留残桩。病区重建柑橘园。

4. 乌药梢枯病

（1）发病症状。乌药梢枯病主要侵染枝条或茎部，初期出现黑褐色斑块或红紫色小斑点，随后病斑逐渐扩大，病斑环绕枝条或茎，致使病部以上落叶，甚至枝干枯死。乌药梢枯病经常发生在 7—11 月。

（2）防治方法。增施有机肥料，提高抗病力；生长季节及时剪除病枝，并烧毁。在 6—8 月，用 70% 甲基托布津可湿性粉剂 800~1 000 倍液，或代森锰锌可湿性粉剂 400~500 倍液。7 天喷药 1 次，连续喷药 2~3 次。上述药剂交替使用，以免产生抗药性。

5. 三叶青炭疽病

（1）发病症状。其主要为害叶片。染病初期产生直径
3~7毫米的黑色纺锤形或椭圆形溃疡状病斑，稍凹陷。7—9
月在高温高湿条件下，病菌传播蔓延迅速。

（2）防治方法。选用抗病品种。对苗床土壤消毒，尽
可能实行轮作。发病初期可使用25%嘧菌酯悬浮剂
1 000~1 500倍液，或50%咪鲜胺锰盐可湿性粉剂1 000~
1 500倍液，或25%吡唑醚菌酯乳油1 000~1 500倍液。7
天喷药1次，连续喷药2~3次。上述药剂交替使用，以免产
生抗药性。

6. 覆盆子叶斑病

（1）发病症状。为害叶片。其症状是受害叶片表面出现
紫红色小斑点，逐渐扩大成圆形或椭圆形，边缘为紫褐色，
中间灰白色。

（2）防治方法。烧毁落叶。苗期适当通风，地温不超过
22℃，相对空气湿度保持60%~70%。发病初期可使用50%
异菌脲可湿性粉剂，或50%农利灵可湿性粉剂，发病后用
15%粉锈宁。7天喷药1次，连续喷药2~3次。上述药剂最
好交替使用，以免产生抗药性。

7. 灵芝螨虫

（1）发病症状。灵芝生产过程中非常容易受到螨虫的污
染，取食菌丝，造成退菌或菌种不萌发，或取食芝芽和芝根
的菌丝，造成子实体死亡严重，影响灵芝的产量。

（2）防治方法。远离虫源。菇房和菌种培养料四周绝对
不能有饲料间、畜禽舍等，栽培后的培养料废料一定要及时

运往远离菇房的地方。菇房在使用之前，一定要进行严格的消毒处理，为了减少杂菌和螨虫的抗性，可使用30倍"金星消毒液"喷洒消毒或"菌室专用消毒王"熏蒸消毒。

8. 西红花根腐病

（1）发病症状。由根腐病菌侵染，整个生育阶段均可发生，尤其是幼苗期、开花期发病严重。发病后植株萎蔫，呈浅黄色，最后死亡。

（2）防治方法。发现病株要及时拔除烧掉，防止传染给周围植株，在病株穴中撒一些生石灰。建议植株烂根后，换土重新栽种其他植株。

五	中药材科学施肥技术

推广中药材生态种植技术，要开展测土配方施肥、有机肥替代化肥行动，减少化肥用量，减轻面源污染，培育健康土壤，生产优质药材。

□ 施肥原则

1. 因土施肥

在适应道地中药材生产区域，根据土壤特性施肥，利用测土配方施肥技术，确定取土时间和样品数量，测定土壤 pH 值、有机质、氮、磷、钾等常规理化性状，结合不同种类的中药材，增加中、微量等敏感元素养分检测，明确施肥总量，实现"多什么减什么""缺什么补什么"，同时要注重土壤沙黏的特性，明确有机肥比例及施肥次数。

2. 因品种施肥

中药材因其品种以及各生长发育的阶段不同，所需养分的种类、数量和对养分的吸收强度也不相同。一般以收获部分即药用器官为主要考虑因子，对全草类、花果实种子类、多年生及根（地下）茎类等药材分类，确定氮、磷、钾及中、微量元素比例和数量。总体上一年生、二年生全草类药材，适当注重有机氮肥，促茎叶生长；花果实种子类药材注重磷、钾及钙、硼肥。俗话说"无磷难成花、无钾不上色、无硼难成果、缺钙裂果多"，不同的生长阶段施肥也不同，生长前期以有机氮肥为主，浓度要低，生长后期多用磷、钾肥，增进果实早熟、种子丰满；多年生及根（地下）茎类药材，整地时在施足有机肥基础上，生长期需追肥的次数，主要考虑春季萌发后、花芽分化期、花后果前等关键生长期，冬季进入休眠前还要重施越冬肥。

3. 有机肥替代肥

要避免"仿自然生长不施肥与施用大量的化肥"两个误区。对于大量施用化肥且不施有机肥区域，第一年有机肥替代化肥数量不超过 30%，以后年份逐步提高有机肥比例，通过减少化肥施用量，提升药材品质。选择有机肥时要根据有资质单位对重金属、激素等含量的检测报告，不宜长期大量使用以鸡粪、猪粪为主的有机肥。

□ 肥料种类

按照目前肥料分类，肥料主要有化肥、有机肥和生物肥，但用在药材上尽量选用国家生产绿色食品的肥料使用准则中允许使用的肥料种类，且以提高药材的药效为目标。

1. 化肥

用化学和（或）物理方法人工制成的含有一种或几种农作物生长需要的营养元素的肥料。适合中药材常用的化肥有 3 种：一是单质肥料，主要有尿素（氮肥）、钙磷镁肥（磷肥，又可补钙镁）、硫酸钾（钾肥）、钾镁肥（钾肥，又可补镁）；

二是氮磷钾三元复混肥料，品种和生产厂家多，尽量根据土壤理化性状和不同收获器官选择氮磷钾不同配比肥料，满足不同生长阶段药材营养需求，也可施用缓释复合肥作底肥，减少后期施用次数；三是中、微量元素肥料，市场上种类繁多，要根据药材对中、微量元素敏感程度，选择单一元素或几种复合元素基施或叶面喷施。

2. 有机肥

来源于植物和（或）动物，经过发酵腐熟的含碳有机物，起到改善土壤肥力、提供植物营养、提高药材品质作用，施用于新垦耕地上种植效果更佳。中药材上常用的有机肥有以下几种：一是饼肥，主要为菜籽饼、茶籽饼、蓖麻籽饼等；二是腐熟发酵有机肥，农户可自己利用多种材料发酵堆肥，工厂生产以猪粪、鸡粪、羊粪、蚕粪等为原材料发酵而成的商品有机肥，相对来说，蚕粪作为原材料其安全性高；三是绿肥，中药材种植中有待开发利用的重要天然肥源，安全性高，常见有紫云英、箭舌豌豆、肥田萝卜、蚕豆、豌豆和三叶草等，关键要会运用与药材套种或轮作；四是秆肥，一种为秸秆还田，可采取堆沤还田、过腹还田（牲畜粪尿）、直接翻压还田、覆盖还田等多种形式，另一种以秸秆等作为发电原料燃烧后产生的大量草木灰或以其他各种材料混合而成生产的草木灰，是一种优质有机肥，值得大力推广施用。

3. 生物肥料

泛指利用生物技术制造的、对作物具有特定肥效（或有肥效又有刺激作用）的生物制剂。是目前市场上比较混杂的一类肥料，包括拌种剂、菌剂微生物肥料，生物肥料，复合微生物肥料等，在药材上施用值得关注。不得使用以根茎类膨大、茎秆增粗、增长等为目的的各类植物生长调节剂。

□ **施肥方法**

所有在药材上施用的肥料应以对环境和药材的营养、味道、品质和抗性不产生不良后果为基本原则。

1. 基施

基施即底肥，底肥的施用深度为 15~20 厘米或更深，根据不同中药材而定，可先将肥料撒施于地表再翻耕入土，也可在翻耕作业的同时将肥料施入犁沟内，如实现机械深施更理想。为避免肥料烧伤种子，种肥的施用深度以 5~6 厘米为宜，种肥与种子的水平距离（侧距）应适当，一般为 3~5 厘米。有机肥、钙镁磷肥、缓释复合肥和固体状（粉剂）中、微量元素肥料以基施为主。

2. 追施

追施即在其生长发育的不同时期，分期、分批施用，充分满足中药材各生长发育阶段对养分的需要。追肥种类以速效为主，硫酸钾、尿素及不同配比复合肥。不同种类中药材追施有讲究，如以种子和果实为药用的中药材，在蕾期和花期追肥为好，且以高钾复合肥为佳。追肥时中药材根系已初步形成，如采用机械追肥，应尽量减少伤根，施肥不宜太深，侧距应适当，一般情况下，行间追肥，窄行栽培的中药材追肥深度以 6~8 厘米为宜，宽行栽培的中药材追肥深度以 8~12 厘米为宜，侧距以 10~15 厘米为宜。如有水肥一体化设施，可采用滴施，按照各种不同水溶肥料使用说明书要求滴施。

3. 叶施

叶施即叶面喷施，一般是在生长过程中补充营养不足或敏感中、微量元素而进行，肥料原则上选择经国家登记的各类大量元素、中量元素、微量元素、含氨基酸、含腐殖酸水溶肥料为佳。喷施时间以9时前、16时后为宜，7~10天喷施1次，不超过3次，按说明书中肥料浓度喷施。

□ 注意事项

总体上应注意肥料的品种、浓度和用量，免得引起肥害。

1. 关于种肥

主要是农作物生产中使用最多的尿素。尿素含有缩二脲，含量超过2%，对种子和幼苗就会产生毒害。另外，含氮量高的尿素分子也会渗入药材种子的蛋白质分子结构中，使蛋白质变性，影响种子的发芽。过量氮会改变土壤理化性质，土壤pH值降低，电导率上升，土壤碳氮比（C/N）失衡下降，土壤酶活性下降，土壤养分间发生拮抗作用。氯化钾、硝酸铵类化肥分别含有氯、硝酸根离子，对种子发芽影响大，建议在中药材不要施用。

2. 关于微量元素肥

当土壤缺微量元素肥料时，一般每亩基施1~2千克，隔年施用1次，如超量容易中毒，最好与大量元素肥料或有机肥掺混后施用；叶面喷施时，一定要把握浓度和使用次数，这样才有预期的效果。禁止在花期喷施。

3. 关于化学氮肥

在中药材上使用都要谨慎一些，过量施氮会导致药性降低或者徒长与烂根。应减少硝态氮肥施肥。

4. 关于微生物肥料

目前市场上微生物肥料的抽检合格率较低，同时可能存在着一些不为人知的杂菌，建议此类肥料先进行小范围试验、适度示范，确保安全后再用。购买时注意保质期，一般微生物肥料保质期不超过 6 个月。

六　无烟草木灰生产技术

为大力推广中药材生态种植技术，浙江省中药材产业技术团队联合浙江广胜中药材生产基地，开展了无烟草木灰（焦泥土）生产技术试验应用，生产了 1 000 多吨优质有机肥，在 1 000 多亩三叶青上应用取得明显成效，显著提高了药材品质和产量，降低了病、虫、草害等残留积累指数，促进了农业资源循环综合利用，保护生态环境和生物多样性，促进中药材生产与生态协调发展。

□ 主要机械设备

环保型草木灰烧制炉（专利号分别为：ZL 2017 2 1492499.8；ZL 2018 2 0192519.8）。辅助机械设备有运输车、铲车、装载机等。

□ 原料与场地

原料主要是农作物秸秆及杂草植物等，泥土以荒山表土为主。原料必须是没有污染的天然产物，如果原料取自耕作区，要经过重金属、农药残留等有害物质的检测，达标后方可使用。

烧制场地选择靠近种植基地、通水通电、交通便利的区域，有烧制操作面，有原料、成品堆放区和机械、配件、工具存放设施。生产规划前报环保部门备案。

□ 生产过程

初次烧制生产草木灰（焦泥土）的工艺过程：投料→点火→闷炉→滤烟（水帘除尘装置）→出灰。投料时植物材料和泥土的比例为1∶（0.5~1）；底层先投一层植物材料后再投入泥土覆盖，一般重叠投料2~3次；投料完成后，从底部点火，等火苗均匀、烟道正常排气时，关闭投料口闷炉；闷炉时间随材料比例和含水量高低略有长短，一般在36~48小时；待底部充分焚烧，灰分呈淡褐色时，打开出灰口出泥灰。一个炉一天生产1吨草木灰（焦泥土）。草木灰烧制是一个连续的过程，首次点火烧制出灰后，可继续投料连续焚烧。

□ 主要特点

一是环境友好。草木灰传统烧制过程产生的大量烟雾粉尘对大气造成污染，影响环境质量。该草木灰烧制炉设有水帘除尘装置，烟尘与水雾充分接触后，有害物质回流至过滤水储存器，烟道达到排放标准，属环境友好型装置。

二是循环利用。农业基地的植物材料，包括多年生植物的整枝修剪材料、一年生作物的秸秆、田边地角及生态保护区的杂草，烧制成草木灰后成为基本营养元素进入中药材生产过程，形成就地取材循环利用的模式，完成了基地内部种植业的生态循环。

三是综合利用。经过初步试验，草木灰烧制过程中产生的烟尘过滤水，对农作物叶面病害具有一定的防治作用，可以有针对性地选择使用。

附　录

附录部分主要介绍了浙江省中药材登记农药品种及技术要求、浙产道地药材检验项目及标准和中药材生产管理记录表等内容。

附录一 浙江省中药材登记农药品种及技术要求

中药材病虫害防治主要登记农药使用技术介绍表

中药材	登记药剂	防治对象	使用剂量	施用方法	每季最多使用次数	安全间隔期
铁皮石斛	68％精甲霜·锰锌水分散粒剂	疫病	500～600倍	喷雾	3次	14天
	33.5％喹啉铜悬浮剂	软腐病	500～1 000倍	喷雾	3次	14天
	20％噻森铜悬浮剂	软腐病	500～600倍	喷雾	3次	28天
	75％苯醚·咪鲜胺可湿性粉剂	炭疽病	1 000～1 500倍	喷雾	2次	30天
	25％咪鲜胺乳油	炭疽病	1 000～1 500倍	喷雾	3次	28天
	450克/升咪鲜胺水剂	黑斑病	900～1 350倍	喷雾	3次	28天
	16％井冈·噻呋悬浮剂	白绢病	1 000～2 000倍	喷雾	2次	14天
	22.5％啶氧菌酯悬浮剂	叶锈病	1 200～2 000倍	喷雾	3次	28天
	80％烯酰吗啉水分散粒剂	霜霉病	2 400～4 800倍	喷雾	3次	28天
	12％四聚乙醛颗粒剂	蜗牛	325～400克/亩	撒施	1次	7天
	20％松脂酸钠可溶粉剂	介壳虫	200～400倍	喷雾	—	—
	30％松脂酸钠水乳剂	介壳虫	500～600倍	喷雾	—	—
杭白菊	5％甲氨基阿维菌素水分散粒剂	斜纹夜蛾	1 200～1 500倍	喷雾	1次	7天
	8％井冈霉素A水剂	根腐病	200～250倍	喷淋或灌根	3次	14天
		叶枯病	200～250倍	喷雾	3次	14天
	25％吡蚜酮可湿性粉剂	蚜虫	1 000～1 200倍		3次	14天
浙贝母	3％阿维·吡虫啉颗粒剂	蛴螬	2～3千克/亩	药土法	1次	21天
元胡	25％嘧霉胺可湿性粉剂	菌核病	400～600倍	喷雾	2次	7天
	2％甲维盐乳油	白毛球象	1 200～2 000倍	喷雾	2次	7天
	722克/升霜霉威盐酸盐水剂	霜霉病	500～600倍	喷雾	3次	7天
白术	6％井冈·嘧苷素水剂	白绢病	200～250倍	喷淋	3次	7天
	20％井冈霉素水溶粉剂	白绢病	300～400倍	喷淋	3次	14天
	60％井冈霉素可溶粉剂	立枯病	1 000～1 200倍	喷淋	3次	14天
	5％二嗪磷颗粒剂	小地老虎	2 000～3 000克/亩	撒施	1次	75天

国家禁止使用的农药清单（41种）

六六六、滴滴涕、毒杀芬、艾氏剂、狄氏剂、二溴乙烷、
除草醚、杀虫脒、敌枯双、二溴氯丙烷、砷、铅类、汞制剂、
氟乙酰胺、甘氟、毒鼠强、氟乙酸钠、毒鼠硅、甲胺磷、对硫磷、
甲基对硫磷、久效磷、磷胺、八氯二丙醚、苯线磷、地虫硫磷、
甲基硫环磷、磷化钙、磷化镁、磷化锌、硫线磷、蝇毒磷、治螟磷、
特丁硫磷、百草枯水剂、氯磺隆（包括原药、单剂和复配制剂）、
胺苯磺隆、甲磺隆、福美肿、福美甲肿、三氯杀螨醇、氟虫胺

国家限制使用的农药清单（48种）

氧乐果、甲基异柳磷、涕灭威、克百威、甲拌磷、特丁硫磷、甲胺磷、
甲基对硫磷、对硫磷、久效磷、磷胺、甲基硫环磷、治螟磷、内吸磷、
灭线磷、硫环磷、蝇毒磷、地虫硫磷、氯唑磷、苯线磷、三氯杀螨醇、
氰戊菊酯、丁酰肼（比久）、氟虫腈、水胺硫磷、灭多威、硫线磷、硫丹、
溴甲烷、毒死蜱、三唑磷、杀扑磷、氯化苦、氟苯虫酰胺、磷化铝、
乙酰甲胺磷、丁硫克百威、乐果、氟鼠灵、百草枯、2,4-滴丁酯、
C 型肉毒梭菌毒素、D 型肉毒梭菌毒素、敌鼠钠盐、杀鼠灵、杀鼠醚、
溴敌隆、溴鼠灵

停止新增农药登记清单（23种）

内吸磷、甲拌磷、氧乐果、水胺硫磷、特丁硫磷、甲基硫环磷、
治螟磷、甲基异柳磷、涕灭威、克百威、灭多威、苯线磷、地虫硫磷、
磷化钙、磷化镁、磷化锌、硫线磷、蝇毒磷、杀扑磷、灭线磷、磷化铝、
溴甲烷、硫丹

附录二 浙产道地药材检验项目及标准

品名	别名	检查	浸出物	含量测定	二氧化硫残留量（毫克/千克）	其他
浙贝母		水分≤18.0%，总灰分≤6.0%	醇浸出物≥8.0%	贝母素甲和乙之和，≥0.080%	150	
杭白菊	菊花	水分≤15.0%		绿原酸≥0.2%，木犀草苷≥0.080%，奎宁酸≥0.70%	150	
白术		水分≤15.0%，总灰分≤5.0%	醇浸出物≥35.0%		400	重金属及有害元素
杭白芍	白芍	水分≤14.0%，总灰分≤4.0%	水浸出物≥22.0%	芍药苷≥1.60%	400	
元胡	延胡索	水分≤15.0%，总灰分≤4.0%	醇浸出物≥13.0%	延胡索乙素≥0.050%	150	
玄参		水分≤16.0%，总灰分≤5.0%，酸灰≤2.0%	水浸出物≥60.0%	哈巴苷和哈巴俄苷之和≥0.45%	150	
浙麦冬	麦冬	水分≤18.0%，总灰分≤5.0%	水浸出物≥60.0%	麦冬总皂苷≥0.12%	150	
温郁金	郁金	水分≤15.0%，总灰分≤9.0%	醇浸出物≥7.0%		150	
莪术	温莪术	水分≤14.0%，总灰分≤7.0%，酸灰≤2.0%		挥发油≥1.5%	150	
铁皮石斛		水分≤12.0%，总灰分≤6.0%，甘露糖与葡萄糖峰面积比值2.4~8.0	醇浸出物≥6.5%	粗多糖≥25.0%，甘露糖13.0%~38.0%	150	

（续表）

品名	别名	检查	浸出物	含量测定	二氧化硫残留量（毫克/千克）	其他
灵芝		水分 ≤ 17.0%、总灰分 ≤ 3.2%	水浸出物 ≥ 3.0%	粗多糖 ≥ 0.90%、三萜及甾醇 ≥ 0.50%	150	
三叶青					150	
覆盆子		水分 ≤ 12.0%、总灰分 ≤ 9.0%、酸灰 ≤ 2.0%	水浸出物 ≥ 9.0%	鞣花酸 ≥ 0.20%、山柰酚 ≥ 0.03%	150	
衢枳壳		水分 ≤ 12.0%、总灰分 ≤ 7.0%		柚皮苷 ≥ 4.0%、新橙皮苷 ≥ 3.0%	150	
乌药		水分 ≤ 11.0%、总灰分 ≤ 4.0%、酸灰 ≤ 2.0%	醇浸出物 ≥ 12.0%	乌药醚内酯 ≥ 0.030%、去甲异波尔定 ≥ 0.40%	150	
前胡		水分 ≤ 12.0%、总灰分 ≤ 8.0%、酸灰 ≤ 2.0%	醇浸出物 ≥ 20.0%	白花前胡甲素 ≥ 0.90%、白花前胡乙素 ≥ 0.24%	150	
西红花		干燥失重 ≤ 12.0%、总灰分 ≤ 7.5%、吸光度 ≥ 0.50	醇浸出物 ≥ 55.0%	西红花苷 1 和 2 之和 ≥ 10.0%	150	
黄栀子	栀子	水分 ≤ 8.5%、总灰分 ≤ 6.0%		栀子苷 ≥ 1.8%	150	
温山药					400	
薏苡		杂质 ≤ 2%、水分 ≤ 15.0%、总灰分 ≤ 3.0%	醇浸出物 ≥ 5.5%	甘油三油酸酯 ≥ 0.50%	150	黄曲霉素
山茱萸		杂质 ≤ 3%、水分 ≤ 16.0%、总灰分 ≤ 6.0%	水浸出物 ≥ 50.0%	莫诺苷和马钱苷之和 ≥ 1.2%	150	

（续表）

品名	别名	检查	浸出物	含量测定	二氧化硫残留量（毫克/千克）	其他
山银花		水分≤15.0%，总灰分≤10.0%，酸灰≤3.0%		绿原酸≥2.0%，灰毡毛忍冬皂苷乙和川续断皂苷乙之和≥5.0%	150	
白及		水分≤15.0%，总灰分≤5.0%			400	
陈皮		水分≤13.0%		橙皮苷≥3.5%	150	黄曲霉素
猴头菇					150	
白花蛇舌草					150	
黄精		水分≤18.0%，总灰分≤4.0%	醇浸出物≥45.0%	粗多糖≥7.0%	150	
天麻		水分≤15.0%，总灰分≤4.5%	醇浸出物≥15.0%	天麻素和对羟基苯甲醇之和≥0.25%	400	
玉竹		水分≤16.0%，总灰分≤3.0%	醇浸出物≥50.0%	粗多糖≥6.0%	150	
半夏		水分≤14.0%，总灰分≤4.0%	水浸出物≥9.0%	总有机酸≥0.25%	150	
重楼		水分≤12.0%，总灰分≤6.0%，酸灰≤3.0%		重楼皂苷1,2,6,7四个成分之和≥0.60%	150	
食凉茶					150	
六神曲					150	
葛根		水分≤14.0%，总灰分≤7.0%	醇浸出物≥24.0%	葛根素≥2.4%	400	

（续表）

品名	别名	检查	浸出物	含量测定	二氧化硫残留量（毫克/千克）	其他
粉葛		水分 ≤ 14.0%，总灰分 ≤ 5.0%	醇浸出物 ≥ 10.0%	葛根素 ≥ 0.30%	400	
灰树花		水分 ≤ 11.0%，总灰分 ≤ 10.0%，酸灰 ≤ 5.0%		总多糖 ≥ 8.0%	150	
厚朴		水分 ≤ 15.0%，总灰分 ≤ 7.0%，酸灰 ≤ 3.0%		厚朴酚与和厚朴酚之和 ≥ 2.0%	150	
莲子		水分 ≤ 14.0%，总灰分 ≤ 5.0%			150	黄曲霉素
益母草		水分 ≤ 13.0%，总灰分 ≤ 11.0%	水浸出物 ≥ 15.0%	水苏碱 ≥ 0.50%，益母草碱 ≥ 0.050%	150	
吴茱萸		杂质 ≤ 7%，水分 ≤ 15.0%，总灰分 ≤ 10.0%	醇浸出物 ≥ 30.0%	吴茱萸碱和吴茱萸次碱之和 ≥ 0.15%，柠檬苦素 ≥ 0.20%	150	
菊米		水分 ≤ 15.0%		奎宁酸 ≥ 0.70%	150	

附录三　中药材生产管理记录表

县（市、区）		基地名称	
基地规模（亩）	海拔高度（米）	坡向	土壤类型
种植品种	种植时间	栽培方式（段木或代料）	水源情况
土壤、基质处理情况		肥料种类、使用时间及处理情况	
常见病、虫、鼠、草、鼠害及防治情况	发生时间及为害情况（症状及发生率、拍摄照片）	绿色防控技术或生物农药	化学农药使用情况
			农药种类
			使用时间和频次
			安全间隔期
采收及产地加工情况	采收时间	产地加工方式（晒）烘干（温度）	包装方式及材料
	产量（千克/亩）		储藏方式及条件
有无建立全程质量追溯管理及合格证制度，执行情况及问题建议		产品检测及自检合格率情况，不合格的指标及原因分析	

填表联系人：　　　　　　　　　　日期：